# ChatGPT
## による
# Python
# プログラミング
# 入門

竹村 貴也 著

## AI駆動開発
で実現する
社内業務の自動化

Ohmsha

# はじめに

　本書を手にしてくれた方は、「AIを活用してプログラミングができないか」「業務の自動化をする方法はないか」と思っておられるでしょう。エンジニアでなくともプログラムを組んで、日々の面倒なルーティンワークを自動化して、生産性の高い仕事をしていきたいと考えられているかと思います。

　この書籍のメインテーマでもある、ChatGPTがリリースされてからというもの、各社では、「生成AI」を活用した生産性の向上を目指す動きが活発化しています。

　ただし、実際のところ、ChatGPTをどう活用して業務の生産性向上を行っていくべきなのか。具体的なイメージが湧かない方が大半なのではないでしょうか。

　「会議の議事録」を作ったり、「文章のたたき台」を作ったり、そういった業務を効率化できることはわかったがそれ以上のことはイメージがついていない、といった方も多いかと思います。

　私は、自社にて、生成AIを活用した業務改善について、徹底的に実験を繰り返してきました。具体的には、社内にて「生成AIを活用した業務改善事例」をデータベース化し、各業務部門の社員に事例を投稿してもらい、今では年間の事例数が数百件になるまでに増えています。

　その中でも、最も効率的に業務を改善できた事例が「AIを活用したプログラミング」から生まれた、システムを導入したものでした。

　当社では、システム開発のコンサルティングから実際の開発支援まで、一気通貫したシステム開発の支援を事業として行っております。

　その中の業務の一例ではありますが、

1. お客様からのシステム要求・要件を、自動で一括で取りまとめてタスク化するプログラムを開発
2. ソフトウェアテストの結果で出た不具合の修正項目を一括でタスク化して、担当者にアサインできるシステムを開発
3. 実務経験の浅いスタッフ向けの日報の自動生成を行うためのプログラムを構築

このようなシステムを、AIを活用したソフトウェア開発の手法である"AI駆動開発"を駆使して、現場の担当者が、1日単位でシステム構築→テスト運用→導入といった、"超短期間での実験"を通したシステム構築を行ってきました。

　結論として、①自身の業務を深く理解している業務部門の担当者が、②プログラミングを駆使して業務のシステム化をスモールスタートでトライすること。

　これが、会社の生産性に大きくインパクトを与える施策になると考えています。

　※当然ながら実運用にあたっての試験、レビューができる体制などは必須となります。

　本書でお伝えしたいのは、上記のような「短期間でシステム開発の成果を出す」ための、AI駆動開発の方法です。Pythonと呼ばれる開発言語を使って、日々の業務の自動化・効率化を、ChatGPTと

対話しながら進めていく、実習形式で学んでいきます。

　Pythonに全く触れたことがない、プログラムを触ったことがないという方には、少しハードルが高いかと思いますが、私自身、AIとのやり取りを通して、未経験者が学習を進めていくことは十分に可能かと考えていますので、興味のある方はぜひトライしてみてください。参考事例：世田谷区がAI botを内製　非エンジニア職員がローコードで開発　ChatGPT活用「ヒデキ」https://www.itmedia.co.jp/news/spv/2403/13/news123.html

　改めまして、私は株式会社ファンリピートという会社で代表をしております、竹村と申します。ファンリピートでは、ローコードと呼ばれる、ソースコードをなるべく書かずにシステム構築を行うツールを最大限に活用した、業務生産性向上・業務改革を、コンサルティングから実際の開発支援まで、一気通貫して支援しております。

　かねてから、"ローコード"の延長線上には、本書で書いている"AI駆動開発"があると考えており、システム開発は、より簡単に、誰もができる仕事になっていく。また、そういった社会を作っていきたいと強く思っています。

　そのため、会社のミッションも「プログラムの力を使って、お客様の企業価値を最大化する」というものを掲げており、プログラムの力を最大限に駆使して、「お客様の売上をあげるためのアプローチはどういったものがあるだろうか」「お客様の仕事のコストを下げるアプローチは何ができるだろうか」、といったことを、日夜考え続けております。

　優秀なプログラマーの特性として、「怠惰である」という点が挙げられます。無駄なこと、面倒なことはなるべくシステム化して自動で行う。そうすることで、付加価値の高い本質的な仕事に集中できる、というものです。

　私自身、会社経営を通して「お客様の企業価値最大化」に貢献すること、そのために必要なことに全力でコミットし、それ以外の仕事については、プログラムの力で自動化していく。そういった姿勢で仕事に取り組んでいます。

　読者の皆様が日々の業務を自動化し、自らが最も価値を提供できる分野に集中できるようになること。本書を通じて、その実現のお手伝いができれば大変光栄に思います。

　熟練のエンジニアでなくとも、プログラムの力を最大限活用できるように、本書を通して学習を進めていっていただけると幸いです。

　2024年5月

株式会社ファンリピート
代表取締役社長　竹村貴也

# 目次

## 第 1 章　AI駆動開発について　　　　　　　　　　　　　　　　　　　1

## 第 2 章　ChatGPTとPythonの基本　　　　　　　　　　　　　　　　　9

ニュースリリースを把握し、競争力向上力を身につけよう

問い合わせ対応の効率化で顧客満足度を向上しよう

# 利用したChatGPTについて

　本書はChatGPT-4をベースに執筆されています。ご注意いただきたいのは、内容は執筆時点のものであり、本書の発行後にChatGPT-4の画面構成、アイコン、機能に変更が生じる可能性があることです。しかし、プログラミングの基本概念や理論は一般的であり、ChatGPT-4以外の生成AIや将来のバージョンにも応用が可能ですので、この本を参考に学習を進めていただくことは有益です。

　読者の皆様が本書を活用して得られる知識やスキルは、テクノロジーの進歩や転換点に左右されることなく、長期にわたってプログラミングの世界で役にたつものです。それ故に、本書はあくまで学習のガイドとしての役割を果たし、実際の動作や機能に関しては、常に最新の公式ドキュメントやリソースを参照することを推奨します。

　安心して本書をめくり、生成AIとプログラミングの組み合わせがもたらす素晴らしい体験をお楽しみください。

　なお、ChatGPT-4のプログラミング支援機能では、ChatGPT内でPythonスクリプトが実行されますが、本書では、**繰り返し利用が容易なようにPCで実行**させています。

# 用語説明

　本書を読み進めるにあたって、初めて接するかもしれない難しい単語や馴染みの薄い単語が出てくるかもしれません。そこで、各単語の意味についてあらかじめ説明しておきます。

## プロンプト

　ChatGPTに送信するテキストメッセージのこと。ユーザーが質問やコマンドを入力し、ChatGPTがそれに対して応答を生成します。

　例:「東京の天気はどうですか?」や「Pythonでリストをソートする方法を教えてください」といった質問、または「次の段落で説明することをまとめてください」といった指示がプロンプトに該当します。

## 応答

　ChatGPTがプロンプトに対して生成するテキストメッセージのこと。ユーザーの質問に答えたり、指示に従ったりする形で返されます。

　例: ユーザーが「東京の天気はどうですか?」と尋ねた場合、ChatGPTが「東京の天気は晴れです」

と応答します。

## コンテキスト

ChatGPTが応答を生成する際に考慮する、現在のセッション内の過去のプロンプトと応答の履歴のこと。コンテキストによって、ChatGPTはより適切で一貫性のある応答を提供することができます。

例：ユーザーが「Pythonでリストをソートする方法を教えてください」と尋ねた後、「そのリストを逆順にするにはどうすればいいですか？」と続けて尋ねた場合、最初の質問と応答がコンテキストとして利用され、より適切な応答が提供されます。

## スクリプト

プログラムやシステムの一部として動作する小規模なコードのこと。スクリプトは、特定のタスクや自動化のために使用されることが多く、Pythonといったインタープリタ言語で書かれることが一般的です。ChatGPTの応答では、スクリプトやコードを区別していないことが多くあります。

例：Pythonで書かれたウェブスクレイピングのスクリプトや、シェルスクリプトによるファイル管理の自動化などが該当します。

# 本書の対象読者

本書は、Pythonに少しでも触れた経験がある読者を対象にしています。プログラミングの基礎的な知識がある方なら、本書の内容をより効率的に理解できることでしょう。

Pythonに関する基本的な知識があると、AI関連のライブラリやフレームワークの理解と利用が容易になります。Pythonはその汎用性の高さから、データ分析、ウェブ開発、自動化といった多くの領域で活用されている言語です。したがって、本書に記載されている内容は、これらの分野においても応用が効くため、Python経験者にとって特に役立つでしょう。

## この本が不向きな読者層

1．プログラミングを全く経験していない方、学習するつもりのない方
2．すでに高度なAI開発の知識を持ち、基礎から応用までを網羅している方

## 補足

Python未経験者の方でも、プログラミングの基本についての理解があれば、適切な補助資料を参

照しながら本書の内容を学ぶことは可能です。しかし、本書を最大限に活用するためには、Pythonの基礎を固めた上で本書に取り組むことをお勧めします。

また、ChatGPTにはスクリプトの生成機能が、ChatGPT plusではそれに加えて実行機能も搭載されており、本書ではこれらを「**プログラミング支援機能**」と総称しています。本書では、プログラミング支援機能やData Analyst機能により、ChatGPTの応答からPythonスクリプトを得て、改良をしています。

以上が、本書の想定読者とその背景になります。この情報を参考に、読者の皆様が本書を最も効果的に活用できるようにしていただければと思います。

本書では、ChatGPTの応答内のスクリプトなどを手作業のように改良し、完成させていきます。この過程は目で追うだけでもよいのですが、実行しやすいように、使用したCSV・Excelファイルなどのサンプルデータや各スクリプトについては、オーム社ホームページよりダウンロードできます。また、リストには「 sample ファイル名」を添えてあります。

URL  https://www.ohmsha.co.jp/book/9784274232138/

## 本書の動作環境

本書に記載されているサンプルのスクリプトは、執筆時点で以下の環境で動作することを確認しています。なお、Windows環境や、Chrome以外のブラウザでも基本的には動作するかと思いますが、それらの環境での動作保証はしておりません。予めご了承ください。

### Python 3.9

執筆現在、ChatGPTのプログラミング支援機能ではPythonの3.8.10が使用されていますが、本書ではPython 3.9を使用し、業務効率化に役立つ幅広いライブラリ[1]を使用していきます。具体的には、データ分析や操作にはPandas、NumPy、データ可視化にはMatplotlib、Seaborn、データ処理やモデリングにはScikit-learn、さらにデータの取り扱いやドキュメント処理にはBeautiful Soup、OpenPyXL、Python-docxを使用します。これらのライブラリを駆使して、効率的な業務プロセスを実現するためのプログラミングスキルを身につけていきます。

---

注1 ライブラリ：Pythonの機能を拡張するものです

図0.1　ChatGPTのPythonのバージョン

## Google Chrome

本書でのChatGPTの使用には、Google Chromeブラウザを利用しています。

## PC

本書の執筆のためのスクリプトの実行ではメインに筆者所有のMacBook M1を使用しています。ほかにWindows 11でも同様動作の確認をしています。

## ChatGPTのバージョン

本書ではChatGPT Plus（GPT-4）を利用しています。

## ChatGPTとスレッド

この書籍では、特に指定がなければ、新たにチャットを開始してプロンプトを送信しています。ただし、「同じスレッドを使用して」等の記載がある場合は、新しいチャットを開始するのではなく、前回の送信したチャットと同じスレッドにプロンプトを追加送信しています。同じスレッドでプロンプトを送信することにより、前回のやり取り（コンテキスト）を引き継ぐことができ、プロンプトで再度、状況を説明する必要がないため、短い時間で指示が出せるというメリットがあります。

## 考慮すべき点

使用環境によっては、一部のライブラリやツールが正常に機能しないことがあります。また、企業によってはセキュリティ設定やネットワークの制限によって利用できないサービスもあるため、事前の確認が必要です。

- 本書は、例題を実行せずとも、目で追うだけで要点をつかめるように構成しています。
- 本書では、「ファイルの作成・編集・保存・実行、フォルダの作成」はVisual Studio codeでの操作を主にしていますが、同様の操作はお使いのPC上のOSで実行されてもかまいません。また、「ファイルのコピー、Excelファイルを開く」などは、お使いのPCのGUI（Windowsであればエクスプローラー、Macであればファインダー）やターミナルでの操作となります。
- 本書のサンプルファイル名は、本書内で修正の都度ファイル名を変更しています。
- ご利用のPC、Pythonバージョン等によっては異なる動作になる場合があります。
- 本書のサンプルスクリプトは、できる限りChatGPTへのプロンプトで作成しましたが、手動修正・作成も併用し、作成しました。
- 本書の内容は、執筆者の執筆時点のものです。また、特にChatGPTの応答については、お使いの環境で同じになるとは限りませんし、一般に実行の都度変わります。
- ChatGPT Plusはグラフの描画も実行されますが、本書ではその機能は使わずに、PCでPythonスクリプトを実行します。
- ChatGPTでのPythonにライブラリ／モジュール表現の厳密さが見られないので、本書の執筆においてはライブラリと記載します。

# 第 1 章

# AI駆動開発について

　ようこそ、AI駆動開発の世界へ。テクノロジーが急速に進化する現代において、AIは私たちの日常生活やビジネスの構造を根本的に変えつつあります。この書籍を通じて、創造的な問題解決からイノベーションの推進に至るまで、AI駆動開発の基礎からその応用に至るまでの全体像を段階的に解き明かしていきます。

　AI駆動開発とは、大規模言語モデル（LLM）を含む人工知能技術を活用し、ルーティンワークや単純作業だけでなく、タスクを効率化・自動化するアプローチのことです。テスト駆動開発（TDD）がテストを活用してシステムの開発を進めていくのと同じように、AI駆動開発ではAIを活用して開発を進めることで、高品質で効率的なソフトウェアの構築を目指します。

　この技術は幅広い分野での応用が期待され、データ駆動の意思決定や業務の自動化において、革命的な変化をもたらす可能性を秘めています。本書では、これらの技術と概念を深く掘り下げ、初心者の方でも理解しやすいように、具体的な説明と実践的な指南を提供します。

　AI駆動開発の旅は、ここから始まります。いくつかの手法を学びながら、私たちの日常生活や仕事においてAIをどのように活用することができるのか、その実例を明らかにしていきます。

　この書籍から得られる知識と経験を通じて、読者の皆様が技術の進歩を自分自身の力に変え、新しい価値を創造していくことを心から願っています。それでは始めていきましょう。

# 1.1 AI駆動開発とは

　この本では、ChatGPTなどの大規模言語モデル（Large Language Models、LLM）を活用してソフトウェアを開発すること全般を「AI駆動開発」（AI-Driven Development、AIDD）と呼んでいます。システム開発において大規模言語モデルを活用することで、日常の業務をより効率的に、自動化することが可能になります。例えば、定型的な報告書の作成、データの整理、さらには顧客からの問い合わせに対する自動応答の設定など、様々な業務プロセスが対象となります。

　AI駆動開発の応用範囲は非常に広く、データの分析や予測、ルーティンワークの自動化など、幅広い分野での利用が期待できます。データ分析や自動化の分野で広く活用されているPythonなどのプログラミング言語を使用することで、AI駆動開発の可能性をさらに広げることができます。Pythonはその使いやすさ、多様な用途に適応できる汎用性、そして強力なライブラリやフレームワークのサポートにより、データサイエンス、機械学習、自然言語処理、画像処理など、多くのAI関連分野で主要な言語となっています。また、実際の開発プロジェクトにおいてもよく使用されています。

　AI駆動開発は多くの可能性を秘めています。ですが、その一方で、AIを活用した業務効率化や自動化を始める際にはいくつかの課題も存在します。例えば、LLMによって生成されたコードの管理や検証は人間が行う必要があります。また、複雑な業務を効率化または自動化する場合、人間の専門知識や判断が必要となります。そのため、AI駆動開発の有用性や限界を適切に理解し、効果的に活用することが重要です。

　本書では、読者は基礎から応用まで、段階的にAI駆動開発の技術を習得し、実際の業務に活用できるスキルを身につけていきます。具体的には、シンプルなスクリプトの作成からスタートし、徐々にデータ処理や業務自動化の技術について学んでいきます。最終的には、非エンジニアであっても、エンジニアのような作業を行うことができるようになることを目指しています。

# 1.2 AI駆動開発の簡単な例

　最初に、AI駆動開発の一般的な流れを体験してみましょう。例は、ビジネスデータを分析し、視覚的に表現することです。例として、広告費用と商品売上のシンプルな関係を可視化する方法を見てみましょう。ChatGPTを活用してスクリプトを生成し、そのスクリプトによってどのようにしてデータがグラフとして視覚化されるかを見てみます。

　まずはデータセットの作成をしていきましょう。ChatGPTに以下のプロンプトを送信してみましょう。

● **Your prompt**

広告費と売上の関係を可視化するためのサンプルデータを作成するため、
Pythonを使用して以下のカラムを持つCSVファイルを作成してください。
線形の増加傾向を持つようなデータセットを作成してください。
広告費と売上は整数で表現してください。

広告費, 売上, 日付

このプロンプトに対するChatGPTの応答は以下のようになりました。ちょっとした日本語を元に、スクリプトが作られ実行され、仮のデータまで用意されます。

● **ChatGPT response**

```python
import pandas as pd
import numpy as np

# Parameters for the dataset
n = 100  # Number of data points
slope = 1.5  # Slope of the increase in sales with respect to advertising cost
intercept = 50  # Base sales when advertising cost is 0
noise = np.random.normal(0, 10, n)  # Random noise to add some variability

# Generate advertising costs, linearly spaced
ad_costs = np.linspace(10, 1000, n)

# Generate sales based on advertising costs
sales = (ad_costs * slope + intercept + noise).astype(int)

# Generate dates
dates = pd.date_range(start="2023-01-01", periods=n, freq="D")

# Create DataFrame
df = pd.DataFrame({
    "広告費": ad_costs.astype(int),
    "売上": sales,
    "日付": dates.strftime("%Y-%m-%d")
})

# Save to CSV
```

```
csv_file_path = "/mnt/data/advertising_sales_data.csv"
df.to_csv(csv_file_path, index=False)

csv_file_path
```

データセットを作成し、CSVファイルとして保存しました。以下のリンクからダウンロードできます：
advertising_sales_data.csv

プロンプトに基づき、advertising_sales_data.csvができ上がりました。

　応答内の青色の文字で示されるリンクをクリックし、ファイルをダウンロードしてエディタで開いてみると、以下の常識的なデータが記入されていました。Excelで開いてもかまいません。

```
広告費,売上,日付
10,48,2023-01-01
20,78,2023-01-02
30,94,2023-01-03
40,93,2023-01-04
      略
```

もし文字化けしていたら、一般に、

● your prompt
ファイルをExcelで開くと、文字化けしています。

とすると、新しいファイルが作られます。文字コードの問題は、時々発生します。文字コードの関係で文字化けする場合は、ChatGPTに解決策を聞いてみましょう。

　では次に、こちらのCSVファイルのデータをグラフ形式で可視化してみることにしましょう。

　ChatGPTにファイルをアップロードするためには、テキストを入力する場所の左側にあるクリップのようなアイコンをクリックし、ファイルを選択する必要があります[注1]。先ほどダウンロードしたファイルを選択し、アップロードし、以下のプロンプトを送信してみます。

　また、ChatGPT Plusのプログラミング支援機能では現在（2024年2月）日本語フォントに対応していないため、グラフのタイトルや軸ラベルには英語を使用するよう命令し、スクリプトを理解しやすいように、コメントや応答で日本語を使用するようにプロンプトを工夫します。

---

注1　ドラッグ&ドロップでも可能ですが、安全のためにはこの方法がよいでしょう

● **Your prompt**
入力されたCSVファイルは広告費に対する売上を示すデータセットです。
こちらのデータを解析し、広告費と売上の関係をグラフ形式で表現してください。

グラフのタイトルや軸ラベルには英語を使用してください。
スクリプトのコメントや応答は日本語で行ってください。

このプロンプトに対するChatGPTの応答は以下のようになりました。ここでは図も表示されていますが、本書の解説では使いません。

● **ChatGPT response**

```python
# ファイルの内容を確認しましょう。
file_path = '/mnt/data/advertising_sales_data.csv'

# ファイルを読み込むためにpandasを使用します。
import pandas as pd

# CSVファイルを読み込みます。
data = pd.read_csv(file_path)

# 最初の数行を表示して、データの概要を確認します。
data.head()
```

```
     広告費    売上           日付
0     10     48   2023-01-01
1     20     78   2023-01-02
2     30     94   2023-01-03
3     40     93   2023-01-04
4     50    126   2023-01-05
```

読み込んだデータには「広告費」「売上」「日付」という3つの列が含まれています。このデータを使用して、広告費と売上の関係を散布図で表現しましょう。グラフには英語でタイトルと軸ラベルを付けます。

```python
import matplotlib.pyplot as plt

# 広告費と売上の関係を散布図でプロットします。
plt.figure(figsize=(10, 6))
plt.scatter(data['広告費'], data['売上'], color='blue', alpha=0.5)
```

```
# グラフのタイトルと軸ラベルを設定します。
plt.title('Relationship between Advertising Cost and Sales')
plt.xlabel('Advertising Cost')
plt.ylabel('Sales')

# グリッドを表示します。
plt.grid(True)

# グラフを表示します。
plt.show()
```

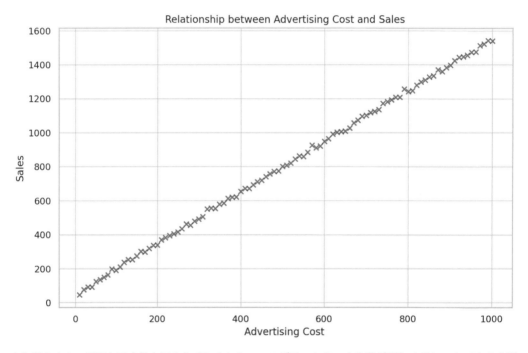

広告費と売上の関係を示す散布図を作成しました。このグラフから、広告費が増加するにつれて売上も増加する傾向が見られます。つまり、広告費の投資が売上の向上に貢献していることが示唆されます。グラフには英語でタイトルと軸ラベルを付け、データの関係性を明確に表現しています。

　入力されたファイルのデータを確認し、その後に CSV ファイルに関する情報を元にグラフを作成していることがわかります。プロンプトではグラフのフォーマットを指定しませんでしたが、このように適切なものが選ばれています。ただし、応答をやり直させた場合に同じフォーマットのグラフになるとはかぎりません。

　これにより、広告費の増加が売上に及ぼす効果が明確になり、データに基づいた意思決定のための洞察を提供することができるようになりました。

　この一連の作業を自分でこなすためには、Pythonに関するかなりの知識が求められます。ChatGPTを利用することで、Pythonの学習にかかる時間を短縮することも可能です。

　この実習を通じて、ビジネスに関するデータの2つの属性の関係を可視化する方法を体験することができました。

　さらにAI駆動開発に慣れ親しんでいただくために、第3章以降ではより実用的なデータの扱いに挑戦し、ビジネスの課題解決に向けてAI駆動開発を応用する方法について深堀りしていきます。

　また、今回の例ではすべての実行をChatGPT上で行いましたが、実際の業務ではChatGPTにアップロードすることができないようなデータを扱っていたり、より詳細かつ具体的な解析を行いたい場合もあると思います。また、ChatGPTの応答は変わることが多いため、同じプロンプトやデータでも、前回と同じ結果とならない場合があります。繰り返しには不向きと言える場合があるわけです。ChatGPTは便利なのですが、こればかりは現時点ではなんともできません。

　**そこで本書ではChatGPTで完結させずにお手元のPCでスクリプトを実行させていきます。**これにより、同一の処理をデータを変えて行うといった、日常のビジネスの現場に対応できます

第 **2** 章

# ChatGPT と Python の基本

　前章で AI 駆動開発の影響を学んだ後、この章では ChatGPT と Python の基礎に焦点を当てます。ChatGPT は先進的な言語モデルを活用したチャットサービスで、現時点で卓越した性能を発揮します。Python はその明快な構文と強力なライブラリで、AI 駆動開発に最適です。ここでは Python の基本概念と ChatGPT の活用方法を説明します。

# 2.1 ChatGPT とプログラミング支援機能

このセクションでは、ChatGPT と ChatGPT Plus のプログラミング支援機能という 2 つの重要なツールの紹介を通じて、AI 駆動開発の可能性を探っていきましょう。

## 2.1.1　ChatGPT とは

ChatGPT は OpenAI 社によって開発された、自然言語処理を用いた大規模な言語モデル（Large Language Models、LLM）です。このツールは、人間のような自然な会話を生成する能力を持っており、多様なトピックについて質問に答えたり、文章を書いたり、スクリプトを生成することができます。ChatGPT は、GPT（Generative Pre-trained Transformer）シリーズの一部であり、特に GPT-4 やその後継モデルは、その高度な理解能力と生成能力で知られています。

## 2.1.2　Data Analysis 機能（高度な分析機能）とは

ChatGPT には Data Analysis 機能が含まれており、先進的なデータ分析機能が利用できます。この機能は、特にテキストリッチなドキュメント、例えば PDF、ワードドキュメント、プレゼンテーションといったファイルの解析と操作を強化することを目的としています。ドキュメントから情報を分析し、新しいコンテンツや洞察を生み出す「合成」、情報の本質を保ったままその提示方法を変更する「変換」、そして特定の情報を識別し抽出する「抽出」という 3 つの主要機能により、ユーザーのドキュメント作業をサポートすることができます。

この機能は、PDF、テキスト、PowerPoint、Word、Excel、カンマ区切り値（CSV）など、多種多様なドキュメントタイプに対応しています。サポートされるドキュメントタイプの範囲は、将来的に拡大していくことでしょう。一度に最大 10 個のドキュメントを ChatGPT にアップロードでき、1 つのチャット全体としては最大 20 ファイルまでアップロード可能です。また、各ファイルの最大サイズは 500MB に設定されており、大規模なデータセットの扱いも可能です。

ChatGPT にアップロードなどしたファイルは、会話がアクティブな間と一時停止後 3 時間保持された後、自動的に削除されるようになっています。

ChatGPT を使用することで、ビジネス分析や研究など、テキストベースのデータを扱う際に直面する課題を解決するのに役立つ機能を簡単に利用することができます。

# 2.2 ChatGPT Plus（有料プラン）

　現在、ChatGPT Plusは月額\$20で利用でき、高度な自然言語処理モデルであるGPT-4が利用できます。このプランでは、プログラム支援機能やData Analysis機能の他に、画像や音声を使ったチャット、画像の生成、カスタムGPTsの使用と作成を行うことができます。GPT-4oは無料版でも使えます（機能差に注意、2024.6.3現在）。

　カスタムGPTsとは、特定の目的や用途に合わせてカスタマイズされたChatGPTのバージョンで、ユーザーは自分自身のGPTを簡単に作成し、日常生活や特定のタスクに役立てることができます。例えば、ゲームのルールを学習させたり、算数を教えたり、デザイン作業を行ったりすることが可能です。

## 2.2.1　GPT-4とは

　GPT-4とはOpenAIによって開発された最先端の自然言語処理モデルで、GPTシリーズの一部で、ChatGPT PlusやChatGPT Enterpriseで利用可能です。GPT-4はGPT-3よりも高性能なモデルとして知られており、高度な言語理解と生成能力を持ち、広範なトピックやタスクにおいて、より正確で洗練された応答を得ることができます。

## 2.2.2　画像や音声を使ったチャットとは

　ChatGPTのモバイルアプリ版では音声を使用して会話を行うことができます。そして音声での入力が可能なだけではなく、ChatGPTの応答も音声で行うことができ、より自然で、より直感的なインターフェースを使用することができます。また、画像の認識も行うことができ、画像を添付してその画像に関する話題について会話をすることも可能です。

## 2.2.3　画像の生成

　ChatGPT Plusでは、「○○の画像を作成して」のように、画像の作成を要求するようなプロンプトを送信することで、特別な設定を行うことなく画像生成を行うことができます。画像生成機能には、OpenAIが開発したDALL·Eが使用されています。DALL·Eは、テキストの説明から高品質な画像を生成する能力を持つAIモデルです。この技術を活用することで、ユーザーは自分の言葉を使用して自由に画像を生成することが可能になります。

# 2.3　ChatGPT Plus の利用を始めるセットアップ

　AI駆動開発を始めるために、まずはChatGPT Plusのセットアップから始めていきましょう[注1]。すでにChatGPT Plusを利用されている場合は、読み飛ばされてかまいません。この実習では、初めての方でも理解できるよう説明しながら設定を進めていきます。なお、本書での説明は執筆時点の英語が多数残るChatGPTのUIに基づいています。UIが変更される場合がありますので、最新の情報については公式サイトのドキュメント（https://openai.com/chatgpt）などを参照してください。

## ステップ1：Open AI のアカウント作成

1. https://chat.openai.com/にアクセスします。
2. Get startedという文字の下にあるSign upというボタンをクリックします。
   i) GoogleアカウントでGoogle Chromeにログインしている場合は、「Googleで続ける」をクリックしてアカウントの連携を行うことで簡単にアカウントを作成することができます。
   ii) メールアドレスを使用して登録する場合はメールアドレスを入力し、「続ける」をクリックします。
   iii) 次のページでパスワードを入力し、「続ける」をクリックすると、「Verify your email」という文字が表示されます。
   iv) 登録に使用したメールアドレスにメールが届いているか確認し（noreply@tm.openai.comというアドレスから届きました）、メールに書いてある「Verify email address」をクリックします。
3. アカウント情報を入力する画面が表示されるので、名前と生年月日を入力し、Agreeをクリックします。
4. これでChatGPTを使用することができるようになりました。

## ステップ2：ChatGPT Plus への登録

1. 画面左下のUpgrade planというバーをクリックします。
2. Upgrade your planというモーダルが表示されるので「Upgrade to Plus」というボタンをクリックします。
3. stripeを利用した決済ページに移動するので、ここでクレジットカード情報などの決済情報を入力し、「申し込む」をクリックします。

---

注1　本書の実行には ChatGPT Plus が適しています。使われていない方は、まずは無料版の ChatGPT で試されるのも一計です

4. これでChatGPT Plusの登録が完了しました。

　これで、AI駆動開発に使用するChatGPT Plusのセットアップが完了しました。次に、お手元の
PCでもスクリプトを実行するために必要なPythonの実行環境のセットアップを行っていきましょ
う。

# 2.4 実行環境のセットアップ

　すでにセットアップされているPythonをお使いになってもかまいません。その場合でも、本書の
進行に合わせて、都度ライブラリをインストールしてください。
　インストールなどの初期設定については、「巻末付録」を参照してください。また、環境構築を容
易にするための仮想環境の使用方法に関しても、「巻末付録」に詳しく説明されています。

## 2.4.1　Visual Studio Codeのインストール

　すでにインストールされているVisual Studio Codeを利用されてかまいません。また、本書は
Visual Studio Codeベースで解説をしていますが、他のものを使われる際には、読み替えをお願いし
ます。
　https://code.visualstudio.com/download にアクセスし、お使いのOSに合わせたファイルを
ダウンロードされ、インストールしてください。

## 2.4.2　Pythonの拡張機能のインストール

　左側のサイドバーにあるExtensionsからPythonを検索し、Pythonの拡張機能をインストールし
ます。

①Extensions

②Pythonを検索し、Pythonの拡張機能を
インストールする。

図2.1 Visual Studio CodeにPythonの拡張機能をインストールする

### 2.4.3　使用するライブラリのインストールと動作確認

では、練習として、1.2節で実演したデータ分析をVisual Studio Codeを用いて試してみましょう。

まず、本書のスクリプトを管理するためのフォルダ「python-ai-programming」を作成します。

以下のコマンドをVisual Studio Codeのターミナル注2で実行してください（ターミナルは、Visual Studio Codeのメニューの View→Terminal で表示されます）。mkdirコマンドはフォルダを作成するコマンドで、mkdirに続けてフォルダ名を書き、enter します。OSのGUIで作られてもかまいません。

```
mkdir python-ai-programming
```

---

注2　　ターミナル：コンピュータ操作するのは一般的に GUI（グラフィカルユーザーインタフェース）の利用が主流ですが、プログラマーはよくターミナルという CUI（Character User Interface）を使います。プログラムは文字で書きますので、CUI のターミナルとは相性がいいのです。ターミナルは OS に付属していたり、本書で利用する Visual Studio Code にも内蔵されています。ターミナルの使い方は、ネットに多数の技は紹介されていますので、ここでは特に触れません。また、Windows では PoweShell やコマンドプロンプトが該当し、ChatGPT では OS に関係なく、ターミナルに文字を入力する部分をコマンドラインとよく表します。

**図2.2** Visual Studio Codeのターミナルでフォルダを作成

そして、作成したフォルダをVisual Studio Codeで開いてください。

「Do you trust the authors of the files in this folder?」という確認が表示される場合がありますが、「Yes, I trust the authors」をクリックして進んでください。

**図2.3** 作成したフォルダをVisual Studio Codeで開く

このような、空のフォルダが表示されました。では、この中にさらに検証用のプロジェクトを作成していきましょう。[注3]

---

注3 本書ではVisual Studio Codeでフォルダを作りファイルも作りますが、同様の構成をOSで作られてもかまいません。もちろん、PythonファイルについてもVisual Studio Codeではなく、お手元のエディターソフトを使われてもかまいません。手慣れた方法をお持ちであれば、それを利用するのがよいでしょう。

左上にある New Folder ボタンのアイコンをクリックして、

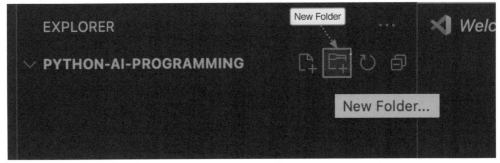

**図2.3**　New Folder ボタンのアイコン

以下の名前のフォルダを作成します。

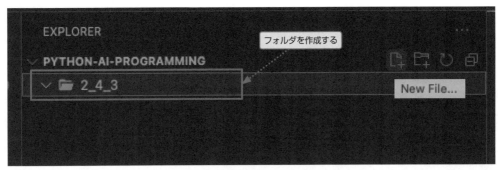

**図2.4**　作成されたフォルダ

　次に、New File ボタンのアイコンをクリックして、2_4_3 フォルダの中に main_a.py という名前
のファイルを作成します。

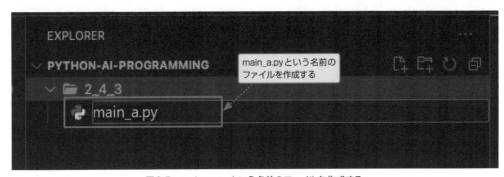

**図2.5**　main_a.py という名前のファイルを作成する

また、以下のようにサンプルデータを登録するためにadvertising_sales_data.csvという名前のファイルも作成します。

**図2.6**　advertising_sales_data.csvという名前のファイルを作成する

次に、advertising_sales_data.csvを開き、以下のように編集します。ここでは紹介ですので、試される場合は数行だけ記入されるだけでもかまいません。データを記入したら最後に改行しておきましょう。

```
広告費,売上,日付
10,48,2023-01-01
20,78,2023-01-02
30,94,2023-01-03
40,93,2023-01-04
50,126,2023-01-05
60,136,2023-01-06
70,151,2023-01-07
80,165,2023-01-08
90,198,2023-01-09
100,192,2023-01-10
110,210,2023-01-11
120,237,2023-01-12
```

保存のために「Ctrl + s」を押してください。注4

そして、main_a.pyを開き、以下を記入し、保存します。

---

注4　**保存**：本書では、保存を明記しないことも多数ありますが、適宜実行してください。Visual Studio Code のメニューから保存してもかまいません。

```
# CSVファイルを読み込むためにpandasを使用します。
import pandas as pd

# ファイルパス
file_path = '2_4_3/advertising_sales_data.csv'

# データを読み込みます。
data = pd.read_csv(file_path)

# 読み込んだデータの先頭数行を表示して、データの構造を確認します。
print(data.head())
```

　Visual Studio Codeのターミナルで、以下のコマンドを実行してください。いま作成したmain_a.pyのスクリプトでは、pandasというライブラリを使用するのでPythonにインストールします（--upgradeオプションを使用すると更新されます）。

```
pip install pandas
```

　インストールできたらターミナルに以下のコマンドを記入し、スクリプトを実行します。

```
python 2_4_3/main_a.py
```

　もしpyarrowに関するアラートが表示された場合には、以下のコマンドをターミナルで実行してpyarrowライブラリをインストールします。現在、pandasライブラリを使用するとpyarrowライブラリに関するアラートが表示されるので、ターミナルに以下のコマンドを記入して、pyarrowライブラリをインストールしておきます。

```
pip install pyarrow
```

　「python 2_4_3/main_a.py」が正常に実行できると、ターミナルに以下の出力が確認できると思います。

```
   広告費   売上         日付
0   10    48  2023-01-01
1   20    78  2023-01-02
2   30    94  2023-01-03
3   40    93  2023-01-04
4   50   126  2023-01-05
```

では次に、グラフの作成を試してみましょう。先ほどの main.py の下に以下を追加して、ファイル名を main_b.py として保存してください。

**sample** `2_4_3/main_b.py`

```python
# CSVファイルを読み込むためにpandasを使用します。
import pandas as pd

# ファイルパス
file_path = '2_4_3/advertising_sales_data.csv'

# データを読み込みます。
data = pd.read_csv(file_path)

# 読み込んだデータの先頭数行を表示して、データの構造を確認します。
print(data.head())
```

これを追加 →

```python
import matplotlib.pyplot as plt

# 散布図をプロットします。
plt.figure(figsize=(10, 6))
plt.scatter(data['広告費'], data['売上'], color='blue', alpha=0.5)
plt.title('Advertising Cost vs. Sales')
plt.xlabel('Advertising Cost')
plt.ylabel('Sales')
plt.grid(True)
plt.show()
```

今回もライブラリが必要です。実行する前に、このスクリプトの実行に必要な matplotlib というライブラリをインストールします（--upgrade オプションを使用すると更新されます）。

以下のコマンドで matplotlib を Python にインストールします。

```
pip install matplotlib
```

　ライブラリのインストールができたら、ターミナルに以下のコマンドを記入し、Python スクリプト
を実行します。

```
python 2_4_3/main_b.py
```

　すると、先ほどと同様の出力の他に、以下の図が表示されると思います。

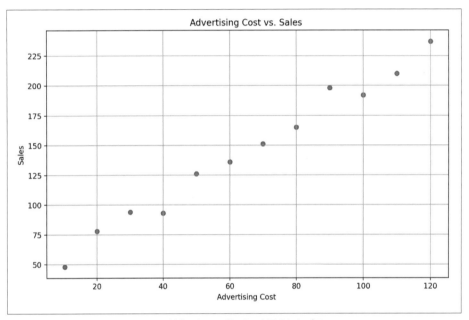

**図2.6　追加したコードにより表示されたグラフ**

　これでCSVファイルのデータを元に図を作成することができました。拍子抜けするほど簡単です。
　なお、この表示の最中はスクリプトは実行中です。スクリプトの実行を終了するためにはVisual
Studio Codeのターミナル上で「Ctrl + C」を押すなどしてください（図のウィンドウを閉じても同
様です）。
　以上でPython実行環境の確認は終了しました。第3章からはより実践的かつ具体的なデータを活
用して、統計分析や業務効率化についてAI駆動開発を活用して行っていきます。
　なお、Visual Studio Codeは、実行の都度終了されてもかまいませんし、作業を続けてもかまいま
せん。

# 毎日のExcel作業を自動化！

## PythonでExcelを動かして
## データ処理のプロになろう

　この章では、Pythonを使ってExcelのデータ処理を自動化する方法を学びます。Excelはビジネスの現場でよく使われるツールですが、大量のデータに何度も同じ処理をするようなことは、手作業では非効率です。ChatGPTでは次回も同じ結果になるとは限りませんし。そこで、Pythonを使えば、Excelのデータ処理を十分に自動化できます。この章を読めば、Excelのデータ処理をPythonで自動化するAI駆動開発方法を学べ、ビジネスの現場で役立つスキルを身につけることができます。

# 3.1 日々のExcel作業の課題とPythonによる解決策

Excelは、ビジネスの現場でよく使われるツールです。Excelを使うことで、表計算やグラフ作成などが簡単に行えます。しかし、大量のデータを扱うとなると、手作業での処理は非効率です。例えば、Excelでデータを集計する場合、データが多いと、集計作業に時間がかかります。また、データの整形や加工を行う場合も、手作業で行うと時間がかかります。そこで、Python & ChatGPTを使ってAI駆動開発によりExcelのデータ処理を自動化することで、効率的に行うことができます。注1

Pythonを使って解決できるExcelの課題には以下のようなものがあります。

### ■時間がかかる反復作業の軽減

Excelでのデータ処理は、手作業で行うと時間がかかります。例えば、データの集計や整形を行う場合、同じ処理を繰り返し行う必要があります。このような反復作業は、Pythonを使って自動化することで、効率的に処理を行うことができます。また、生成AIでは、同じプロンプトでも同じ処理をするとは限らないので、本書のようにPCでも実行できるようにすることは大切です。

### ■エラーの発生

Excelでのデータ処理は、手作業で行うとエラーが発生しやすいものです。例えば、数式の入力ミスやデータのコピー＆ペーストミスなどが考えられます。このようなエラーを防ぐためにも、Pythonを使ってデータ処理を自動化することが有効です。

### ■柔軟性の欠如

データ構造が変わった場合や新しいデータソースを追加する場合など、既存のExcelシートを更新するためには、一からすべての式やレイアウトを調整することになりかねません。Pythonでは再利用可能なモジュールを作成することで、柔軟にデータ処理を行うことができます。

### ■スケーラビリティの問題

データ量が増加するにつれ、Excelでのデータ処理は遅くなります。また、大量のデータを扱う場合、Excelではメモリ不足のエラーが発生することがあります。複雑な計算を行う場合は特にパフォーマンスに問題が生じやすいです。Pythonを使ってデータ処理を自動化することで、大量のデータを効率的に処理することができます。

このように、Pythonを使うことで、Excelを使用する上で発生する様々な課題を解決することができます。Pythonは、データ処理や分析に特化したライブラリが豊富に揃っており、Excelで行うようなデータ処理を効率的に行うことができます。

---

注 1　Excel に内蔵されている **VBA** もなかなかの高機能ですが、本書では、Excel 以外にも広く応用の利く Python を使用します。

## 3.2 自動化に必要なPythonの基礎知識
## Pythonで Excelを扱うための必須スキル

　Pythonの勉強を始めたばかりの方にとって、Excelの作業を自動化することは、プログラミングスキルを実際のビジネス問題に応用する素晴らしいスタートとなります。この節では、Pythonを使ってExcelを操作する際に覚えておくべき基礎知識と、それらを活用するコードの具体的な記述方法について詳しく説明します。[注2]

### 3.2.1　データ型や変数

　Pythonを用いてExcelデータを扱う際には、基礎から学び始めることが大切です。データ型と変数の理解は、この学習の旅の第一歩となります。

■**Pythonのデータ型**

　Pythonには、整数や浮動小数点数、文字列、リスト、タプル、辞書、セットなど、様々なデータ型があります。それぞれのデータ型には、それぞれの特徴があります。

- 整数（int）
  整数を扱うときに使います。例としては、1や100などがあります。
- 浮動小数点数（float）
  小数点を含む数値を扱うときに使います。例としては、3.14や 0.01などがあります。
- 文字列（str）
  文字列を扱うときに使います。例としては、"Hello"や "生成AI"などがあります。
- リスト（list）
  複数の要素をまとめて扱うときに使います。例としては、[1, 2, 3] や ["apple", "banana", "cherry"] などがあります。
- タプル（tuple）
  リストと同じように複数の要素をまとめて扱うときに使いますが、リストと違い、要素の変更ができません。例としては、(1, 2, 3) や ("apple", "banana", "cherry") などがあります。
- 辞書（dict）
  キーと値をセットで扱うときに使います。例としては、{"name": "John", "age": 30}などがあります。

---

注2　Pythonの基礎をより深く学習したい方は、市販書籍や京都大学が提供している「プログラミング演習 Python 2023」の資料が参考になります。次のリンクからアクセスし、ダウンロードして学習を進めるとよいでしょう。http://hdl.handle.net/2433/285599。

- セット（set）
  重複を許さない要素の集合を扱うときに使います。例としては、{1, 2, 3} などがあります。
- 真偽値（bool）
  真か偽かを扱うときに使います。例としては、True や False などがあります。
- None
  何もないことを表すときに使います。

■変数
　変数は、データを格納するための箱のようなものです。変数には、データ型に応じたデータを格納することができます（数学の変数とは異なります）。変数を使うことで、データを再利用したり、データを操作したりすることができます。
　以下に変数を使用して円の面積を計算する簡単な例を示します。
　Visual Studio Codeを開き、3_2_1というフォルダを作成し、その中にmain.pyというファイルを作成してください。
　そして、以下のスクリプトをmain.pyに記入し、保存してください。

sample `3_2_1/main.py`

```python
# 円周率
pi = 3.14

# 半径
r = 2

# 面積
area = pi * r ** 2

print(area)
```

保存し終えたら、ターミナルに以下のコマンドを記入し、Pythonスクリプトを実行します。

```
python 3_2_1/main.py
```

すると、

```
12.56
```

と出力されたかと思います。

　これは、piという名前の変数に3.14、rという名前の変数に2を格納し、areaという名前の変数に pi * r ** 2の計算結果を代入し、最後にareaに格納されている内容を出力しているためです。なお、「*」はかけ算、「**」はべき乗の意味です。

　この例では、piとrという変数にそれぞれの値を代入し、areaという変数に計算結果を代入しています。これらの概念を理解することで、Pythonを使ってExcelデータを扱う際に役立つコードを書くことができるようになります。

## 3.2.2　pandas ライブラリの基本

　Pythonのpandasライブラリは、データアナリストやプログラマーにとって欠かせないツールであり、Excelデータの処理や分析において重要な役割を果たします。データサイエンスの領域では、pandasライブラリがその柔軟性と高い機能性で際立っており、初心者にも直感的に使えることが大きな魅力です。

　pandasライブラリにおける基本的なデータ構造であるDataFrameは、Excelスプレッドシートを思わせるもので、二次元のデータを格納する行と列のセルから構成され、変数に格納できます。この形式では、データを視覚的に扱いやすく、列には名前を付けて数値や文字列、日付など様々な型のデータを格納できます。

　また、pandasライブラリはデータの読み込みや書き出しにも長けており、read_excelやto_excelといった関数を使ってExcelファイルと簡単にデータを交換できます。この機能により、特に大きなデータを扱う場合Excelでの手作業に比べて時間を大幅に節約でき、複雑なデータ操作を容易に行うことが可能です。

　これ以降は、同様のデータで学習を進められるよう、サンプルのExcelファイルを作成しましたので（xページ参照）、そちらを使用して進めていきましょう。サンプルのExcelファイルをどこに置くかは後述します。

　こちらのExcelファイルには以下のデータが格納されています。

| | A | B | C | D | E |
|---|---|---|---|---|---|
| 1 | 商品名 | カテゴリ | 価格 | 税率 | 販売数 |
| 2 | りんご | 果物 | 100 | 0.08 | 50 |
| 3 | みかん | 果物 | 50 | 0.08 | 80 |
| 4 | バナナ | 果物 | 120 | 0.08 | 60 |
| 5 | 牛乳 | 飲料 | 200 | 0.1 | 40 |
| 6 | パン | パン類 | 150 | 0.08 | 70 |
| 7 | チョコレー | お菓子 | 300 | 0.1 | 30 |
| 8 | ジュース | 飲料 | 100 | 0.1 | 90 |
| 9 | お茶 | 飲料 | 80 | 0.1 | 100 |
| 10 | コーヒー | 飲料 | 150 | 0.1 | 60 |
| 11 | ヨーグルト | 乳製品 | 180 | 0.1 | 50 |

**図3.1**　サンプルデータ (sample_sales_data.xlsx) の中身

　では、pandas ライブラリを使用して Excel ファイルの読み込みや基本的なデータ操作を行うスクリプトを見てみましょう。まずは、サンプルの Excel ファイルから DataFrame を作成し、それがどのように Excel スプレッドシートに似ているかを確認することから始めます。まずは、Excel ファイルを読み込む方法から確認しましょう。

　ChatGPT に以下のプロンプトを送信してみましょう。

● **Your prompt**
Python を使用して Excel のファイルを DataFrame として読み込むためのスクリプトを作成してください。

　以下の応答が得られました。pandas というライブラリの使用が勧められ、それのサンプルコード（サンプルスクリプト）が書かれています。また、多くの場合 ChatGPT は、ターミナルでの文字の入力行をコマンドラインと呼びます。

● **ChatGPT response**
Python で Excel ファイルを DataFrame として読み込むためには、`pandas` ライブラリを使用するのが一般的です。以下にサンプルコードを示します。
まず、`pandas` ライブラリをインストールする必要があります。コマンドラインで以下のコマンドを実行してください。

```
pip install pandas
```

次に、Excel ファイルを読み込むためのサンプルコードは以下のようになります。

```
import pandas as pd
```

```python
# Excelファイルのパス
file_path = 'sample.xlsx'

# Excelファイルを読み込む
df = pd.read_excel(file_path)

# DataFrameを表示
print(df)
```

このコードは、指定されたパスのExcelファイルを読み込み、その内容をDataFrameとして表示します。pd.read_excel()関数は、ExcelファイルのシートをDataFrameとして読み込むために使用されます。

こちらの応答を参考に、ExcelファイルからDataFrameを作成するスクリプトを作成してみましょう。

Visual Studio Codeを開き、3_2_2というフォルダを作成し、その中にmain_a.pyというファイルを作成してください。

また、今回からサンプルデータを使用するため、python-ai-programmingのフォルダの下にdataというフォルダを作成します。その中にsample_sales_data.xlsxを手動で配置してください。DLされたフォルダには含まれています。

現在、以下のようになっていると思いますので、こちらの画像を参考にファイルを配置してください。

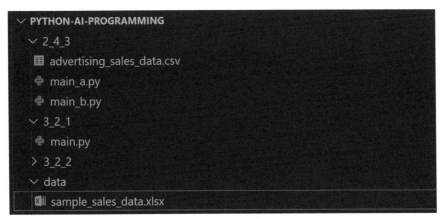

図3.2 フォルダ

　ここからはこのChatGPTの応答を参考にしてスクリプトの作成を行っていきます。

　まず、応答に書かれていたpandasライブラリをインストールします。ターミナルに以下のコマンドを入力しインストールします（--upgradeオプションを使用すると更新されます）。

```
pip install pandas
```

　そして、以下のスクリプトをいま作ったmain_a.pyに記入し、保存してください。注3

🐍 **sample** `3_2_2/main_a.py`

```python
import pandas as pd

# Excelファイルのパス
file_path = 'sample.xlsx'

# Excelファイルを読み込む
df = pd.read_excel(file_path)

# DataFrameを表示
print(df)
```

　そして、一度こちらのスクリプトを実行してみましょう。

　ターミナルで以下のコマンドを実行し、スクリプトを実行します。

```
python 3_2_2/main_a.py
```

　すると、

```
FileNotFoundError: [Errno 2] No such file or directory: 'sample.xlsx'
```

が含まれているエラーが出ると思います。注4このエラーの原因をChatGPTに聞いてみましょう。

　以下のプロンプトをChatGPTに送信します。

● **Your prompt**
以下のスクリプトを実行したら、

---

注3　本書ではこのスクリプトをよく使います。
注4　出ないこともあり得ますが、ここでは、エラーを ChatGPT が解決する例として、取り上げました。

```python
python
import pandas as pd

# Excelファイルのパス
file_path = 'sample.xlsx'

# Excelファイルを読み込む
df = pd.read_excel(file_path)

# DataFrameを表示
print(df)
```

以下のエラーが出たのですが、原因と対応方法を教えていただけますか。

```
FileNotFoundError: [Errno 2] No such file or directory: 'sample.xlsx'
```

　すると、以下の応答が返ってきました。エラーの原因と、その対処方法が3種類も書かれています。考える時間の節約になります。

● **ChatGPT response** ........................................................................................

このエラーは、指定したパスにある `sample.xlsx` というExcelファイルが見つからないために発生しています。対応方法としては、以下のいずれかを試してみてください。

1. ファイルパスの確認： `sample.xlsx` が現在の作業ディレクトリに存在するか確認してください。存在しない場合は、ファイルがある正しいパスを指定してください。
2. 作業ディレクトリの確認： 現在の作業ディレクトリが意図したものであるか確認してください。作業ディレクトリを確認するには、以下のコードを実行します。

```
import os print(os.getcwd())
```

作業ディレクトリが正しくない場合は、`os.chdir()` 関数を使って変更するか、Excelファイルのフルパスを指定してください。
3. ファイル名の確認：ファイル名が正しく入力されているか、大文字小文字も含めて確認してください。
これらの対応方法を試しても解決しない場合は、詳細な状況を教えていただければ、さらにアドバイスを提供いたします。

これらの対応方法を試しても解決しない場合は、詳細な状況を教えていただければ、さらにアドバイスを提供いたします。

　ChatGPTからの応答は参考になります。この応答から、今回読み込みたいファイルに合わせて、パスをsample.xlsxからdata/sample_sales_data.xlsxに変更する必要がありそうということがわかります。

　こちらのdata/sample_sales_data.xlsxというパスは、手で書いてもよいのですが、Visual Studio Codeでファイルを右クリックし、表示されたメニューから相対パスのコピー（Copy Relative Path）をクリックすることでコピーすることができます。

　それでは、3_2_2/main_a.pyの4行目のsample.xlsxを次のようにdata/sample_sales_data.xlsxに修正し、ファイル名をmain_b.pyとします。

```
# Excelファイルのパス
file_path = ' data/sample_sales_data.xlsx '
```

再度スクリプトを実行してみましょう。
ターミナルで以下のコマンドを実行し、Pythonスクリプトを実行します。

```
python 3_2_2/main_b.py
```

すると、今度は以下が含まれるエラーが出てしまいました。

```
ModuleNotFoundError: No module named 'openpyxl'
```

このエラーについてもChatGPTに聞いてみましょう。
　先ほどエラーの質問をしたスレッドと同じスレッドで以下のプロンプトを送信します。同じスレッドですので、いちいちコピペは不要です。

● **Your prompt**
FileNotFoundErrorは解決しましたが、次は以下のエラーが出てしまいました。
原因と対応方法を教えていただけますか。

ModuleNotFoundError: No module named 'openpyxl'

　すると、以下の応答が返ってきました。モジュールのインストールが不足であることは、よくあります。[注5]

---

注5　ChatGPTの応答ではライブラリ／モジュールの表記は気にしていないようです。

● **ChatGPT response**

このエラーは、`openpyxl`というモジュールがインストールされていないために発生しています。`pandas`の`read_excel`関数は、Excelファイルを読み込むために`openpyxl`や`xlrd`などのライブラリを使用します。特に、`.xlsx`形式のファイルを読み込む場合には`openpyxl`が必要です。 対応方法としては、`openpyxl`モジュールをインストールすることです。コマンドラインやターミナルで以下のコマンドを実行してください。

```
pip install openpyxl
```

インストールが完了したら、スクリプトを再度実行してみてください。これでエラーが解決するはずです。

応答によると、Excelファイルを開くためのライブラリをインストールする必要があることがわかります。

では、ChatGPTの指示に従ってターミナルで以下のコマンドを実行し、openpyxlライブラリをインストールします。

```
pip install openpyxl
```

インストールが完了したら、再度スクリプトを実行してみます。
ターミナルで以下のコマンドを実行し、Pythonスクリプトを実行します。

```
python 3_2_2/main_b.py
```

今度はエラーが出ずに、ターミナルに以下の文字列が出力されました。

```
  商品名 カテゴリ     価格    税率  販売数
0   りんご    果物  100  0.08   50
1   みかん    果物   50  0.08   80
2   バナナ    果物  120  0.08   60
3    牛乳    飲料  200  0.10   40
4    パン   パン類  150  0.08   70
5 チョコレート   お菓子  300  0.10   30
```
略

出力されたDataFrameは、Excelスプレッドシートのように、行と列から構成されており、それぞれのセルにはデータが格納されています。このように、pandasライブラリを使うとExcelデータを

31

Pythonで操作することができます。データの読み込みや書き出し、データの加工や分析を効率的かつ直感的に行うことができます。

　また、今回のように、スクリプトの実行時にエラーが発生してしまった場合は、原因を自分で調べて考えるよりも、以下のように「実行したスクリプト」と「表示されたエラー」をコピペしてChatGPTに質問をすることで、ほとんどの場合、エラーの解決が素早く簡単に行えます。ChatGPTによる時短といえます。

　なお、エラー文にもスクリプトの一部が出力されることがあるので、このエラー文をすべて添付してChatGPTのプロンプトにすることでも解決は可能です。さらに実際に使用したスクリプトがわかっている場合は、そのスクリプトも添付することで、より正しく詳細な情報をChatGPTに与えることができるため、より効果的な解決策を提示してくれるようになります。プロンプトの例を1つ紹介します。

● **Your prompt**
以下のスクリプトを実行したら、

```python
import pandas as pd

# Excelファイルのパス
file_path = 'sample.xlsx'

# Excelファイルを読み込む
df = pd.read_excel(file_path)

# DataFrameを表示
print(df)
```

以下のエラーが出たのですが、原因と対応方法を教えていただけますか。

```
FileNotFoundError: [Errno 2] No such file or directory: 'sample.xlsx'
```

## 3.2.3　Excelファイルの読み込みと書き込み

　Excelの使用はビジネスの現場では一般的となっていますが、ChatGPTとPythonとpandasライブラリを駆使することで、これらのファイルの読み込みや書き込み作業を自動化し、処理をさらに効率化することが可能です。

　pandasライブラリは3.2.2項でも使用したread_excel関数を使用してExcelファイルからデータを読み込み、to_excel関数で処理済みのデータをExcelファイルとして保存する機能を提供します。

read_excel 関数は、Excel スプレッドシートの内容を DataFrame 形式で読み込むことに活用されます。読み込む際には、シートの名前や番号、取り込むべき列やスキップすべき列など、多様なオプションを指定できるため、柔軟に対応することができます。

一方で、データ加工が完了した後は、to_excel 関数を使用して新しい Excel ファイルとして出力できます。ファイル名やシート名、保存時にインデックスを含むかどうかなど、詳細なオプションを指定することで、出力結果を自由にカスタマイズできます。

それでは、Python の pandas ライブラリを使用して Excel ファイルの読み込みと書き込みを行うスクリプトを見てみましょう。

今回も data/sample_sales_data.xlsx を使用していきます。

まず、3.2.2 項と同様にして、Visual Studio Code を開き、3_2_3 というフォルダを作成し、その中に main_a.py というファイルを作成してください。そして、main_a.py に先ほど使用した以下の 3_2_2/main_b.py（30ページ）スクリプトを記入してください。このファイルを修正していきます。

```python
import pandas as pd

# Excelファイルのパス
file_path = 'data/sample_sales_data.xlsx'

# Excelファイルを読み込む
df = pd.read_excel(file_path)

# DataFrameを表示
print(df)
```

そして、ターミナルで以下のコマンドを実行し、スクリプトを実行します。

```
python 3_2_3/main_a.py
```

すると、先ほどと同様の結果が得られたかと思います。

```
   商品名  カテゴリ   価格    税率   販売数
0   りんご    果物   100  0.08    50
1   みかん    果物    50  0.08    80
2   バナナ    果物   120  0.08    60
3    牛乳    飲料   200  0.10    40
4    パン   パン類   150  0.08    70
5 チョコレート  お菓子   300  0.10    30
```

```
6     ジュース    飲料  100  0.10    90
7       お茶    飲料   80  0.10   100
8    コーヒー    飲料  150  0.10    60
9   ヨーグルト   乳製品  180  0.10    50
```

次は、こちらのDataFrameをExcelファイルとして出力するスクリプトを作ってみましょう。
ChatGPTに以下のプロンプトを送信してみましょう。

● **Your prompt**

Pythonを使用してDataFrameをExcelのファイルとして出力するためのスクリプトを作成してください。

以下の応答が得られました。今回は、ライブラリのインストールについても最初に説明があります。

● **ChatGPT response** ⋯⋯⋯⋯⋯⋯⋯⋯⋯⋯⋯⋯⋯⋯⋯⋯⋯⋯⋯⋯⋯⋯⋯⋯⋯⋯⋯⋯⋯⋯⋯⋯⋯⋯

PythonでDataFrameをExcelファイルとして出力するには、`pandas` と `openpyxl` ライブラリを使用するのが一般的です。以下にスクリプトを示します。　まず、必要なライブラリをインストールします。

```
pip install pandas openpyxl
```

次に、スクリプトを示します。

```python
import pandas as pd

# データフレームを作成
data = {
    '名前': ['山田太郎', '鈴木一郎', '佐藤花子'],
    '年齢': [25, 30, 22],
    '性別': ['男性', '男性', '女性']
}
df = pd.DataFrame(data)

# Excelファイルとして出力
filename = 'sample.xlsx'    ◀⋯⋯⋯⋯ 修正する
df.to_excel(filename, index=False)

print(f'{filename}にデータを出力しました。')
```

このコードは、データフレームを作成し、sample.xlsxという名前のExcelファイルとして出力します。

index=Falseは、インデックスをExcelファイルに出力しないようにするためのオプションです。

🔊 📋 ⊠ ‥‥‥‥‥‥‥‥‥‥‥‥‥‥‥‥‥‥‥‥‥‥‥‥‥‥‥‥‥‥‥‥‥‥‥‥

　ChatGPTからのこちらの応答を参考に、DataFrameからExcelファイルを作成するスクリプトを作成してみましょう。現在、3_2_3/main_a.pyには、DataFrameをprintを使用して出力するスクリプトが書かれています。それを以下のように、Excelファイルに出力するように修正して、ファイル名をmain_b.pyとして保存してみましょう。

📎 **sample** `3_2_3/main_b.py`

```python
import pandas as pd

# Excelファイルのパス
file_path = 'data/sample_sales_data.xlsx'

# Excelファイルを読み込む
df = pd.read_excel(file_path)
```

> ChatGPTのスクリプトの「# Excelファイルとして出力」以降に修正。パス名も合わせて修正。

```python
# Excelファイルとして出力
file_path = '3_2_3/sample.xlsx'
df.to_excel(file_path, index=False)

print(f'{file_path}にデータを出力しました。')
```

dfという変数はすでにmain_a.pyにあるので、その下をChatGPTの応答に書き換えてみました。では、こちらのスクリプトを実行してみましょう。
ターミナルで以下のコマンドを実行し、Pythonスクリプトを実行します。

```
python 3_2_3/main_b.py
```

ターミナルに以下のメッセージが出力されました。

```
3_2_3/sample.xlsxにデータを出力しました。
```

　そして、3_2_3フォルダを見ると、sample.xlsxというファイルが作成されていることがわかります。さっそくこちらのファイルを開いてみます。
　Excelで、python-ai-programming/3_2_3のフォルダに入っているsample.xlsxを開くと、以下のようにデータが入力されていました。

| | A | B | C | D | E |
|---|---|---|---|---|---|
| 1 | 商品名 | カテゴリ | 価格 | 税率 | 販売数 |
| 2 | りんご | 果物 | 100 | 0.08 | 50 |
| 3 | みかん | 果物 | 50 | 0.08 | 80 |
| 4 | バナナ | 果物 | 120 | 0.08 | 60 |
| 5 | 牛乳 | 飲料 | 200 | 0.1 | 40 |
| 6 | パン | パン類 | 150 | 0.08 | 70 |
| 7 | チョコレー| お菓子 | 300 | 0.1 | 30 |
| 8 | ジュース | 飲料 | 100 | 0.1 | 90 |
| 9 | お茶 | 飲料 | 80 | 0.1 | 100 |
| 10 | コーヒー | 飲料 | 150 | 0.1 | 60 |
| 11 | ヨーグルト | 乳製品 | 180 | 0.1 | 50 |

**図3.3　Excelファイル（sample.xlsx）が作られデータが書き込まれた**

　今回はChatGPTが出力時のファイル名と完了メッセージも自動的に作成してくれましたが、それを自分で指定するパターンも試してみましょう。

　ChatGPTに以下のプロンプトを送信します。

● **Your prompt**

Pythonを使用してDataFrameをExcelのファイルとして出力するためのスクリプトを作成してください。

ファイルパスは'3_2_3_2/sample_dataframe.xlsx'とし、ファイルが出力されたときのメッセージとして「DataFrameを3_2_3_2/sample_dataframe.xlsxに出力しました。」と出力されるようにしてください。

● **ChatGPT response**

以下のスクリプトを使用して、DataFrameをExcelファイルとして出力できます。この例では、pandasとopenpyxlのライブラリを使用しています。これらのライブラリがまだインストールされていない場合は、まずインストールする必要があります。

```
import pandas as pd

# サンプルのDataFrameを作成
data = {
    'Name': ['John', 'Anna', 'Peter', 'Linda'],
    'Age': [28, 34, 29, 32],
    'City': ['New York', 'Paris', 'Berlin', 'London']
}
df = pd.DataFrame(data)
```

```python
# DataFrameをExcelファイルとして出力
file_path = '3_2_3_2/sample_dataframe.xlsx'    ◀┈┈┈┈┈ プロンプト通りになった
df.to_excel(file_path, index=False)

# メッセージを出力
print(f'DataFrameを{file_path}に出力しました。')    ◀┈┈┈┈┈ プロンプト通りになった
```

このスクリプトは、指定したデータを含むDataFrameを作成し、それを'3_2_3_2/sample_dataframe.xlsx'というパスのExcelファイルとして出力します。ファイルが正常に出力されたことを確認するためのメッセージも表示されます。

🔊 📋 ⊠ ┈┈┈┈┈┈┈┈┈┈┈┈┈┈┈┈┈┈┈┈┈┈┈┈┈┈┈┈┈┈┈┈┈┈┈┈┈┈┈┈┈┈┈┈┈┈┈

では、こちらの応答を参考にファイル名と終了時のメッセージを指定したスクリプトを作成してみましょう。

Visual Studio Codeを開き、3_2_3_2というフォルダを作成し、その中にmain.pyというファイルを作成してください。そして、3_2_3_2/main.pyに先ほど使用した3_2_3/main_b.pyスクリプトを貼り付けてください。

そして、ChatGPTからの応答を参考に以下のようにスクリプトを修正しました。

**sample** `3_2_3_2/main.py`

```python
import pandas as pd

# Excelファイルのパス
file_path = 'data/sample_sales_data.xlsx'

# Excelファイルを読み込む
df = pd.read_excel(file_path)

# DataFrameをExcelファイルとして出力
file_path = '3_2_3_2/sample_dataframe.xlsx'    ◀┈┈┈┈┈ Excelファイル名を変更
df.to_excel(file_path, index=False)

# メッセージを出力
print(f'DataFrameを{file_path}に出力しました。')    ◀┈┈┈┈┈ メッセージを変更
```

ターミナルで以下のコマンドを実行し、スクリプトを実行します。

```
python 3_2_3_2/main.py
```

実行すると、以下の文字列が出力されました。

DataFrameを3_2_3_2/sample_dataframe.xlsxに出力しました。

そして、3_2_3_2フォルダを見ると、sample_dataframe.xlsxというファイルも作成されていることがわかります。Excelにも、ファイル名が表示されます。

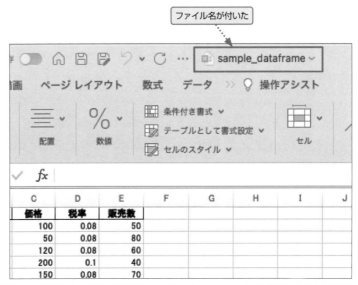

**図3.3**　任意のファイル名 (ここでは sample_dataframe.xlsx) を付けることができた

このようにして、スクリプトに希望するファイル名と、作成完了時に表示するメッセージを追加することで、指定したファイル名でファイルを作成し、完了時には指定したメッセージが表示されるように設定できました。

以上、この項ではPythonによるExcelファイルの読み込みと書き込みについて説明しました。Excelファイルを読み込むにはread_excel関数を使用し、処理済みのデータをExcelファイルとして保存するにはto_excel関数を使用します。これにより、Pythonとpandasライブラリを活用してExcelファイルの自動化と効率化が可能になります。

さらに、ChatGPTを用いたスクリプト実行時に生じたエラーメッセージに関しては、実際に実行したスクリプトとエラーメッセージをプロンプトでChatGPTに送信することで、エラーの原因を特定し、修正案や対処法を提案してもらうことが可能です。

## 3.2.4　データの操作と集計（カテゴリごとに Excel のシート化）

　データ操作と集計はデータ分析において中心的な作業であり、Python の pandas ライブラリはこれらのタスクを容易にこなすための多くの機能が提供されています。pandas ライブラリが提供するツールは直感的に使えるように設計されており、初心者でも短時間で学び、活用することができるでしょう。

　ツールのうちの groupby メソッドはデータをカテゴリ別に分類し集計する際に非常に重宝します。例えば、商品カテゴリごとに売上合計や平均を算出したい場合、groupby メソッドで商品カテゴリをグループ化し、続いて sum や mean といった集計関数を適用することで、求める値を容易に得ることができます。この方法は、Excel で同様の操作を行うよりも、複雑な計算を迅速かつ正確に自動化することが可能です。

　さらに、データのフィルタリングやソートも pandas ライブラリにおける基本的な操作です。特定の条件に基づいてデータセットから必要な情報を抽出したり、特定の列を基準にデータを並べ替えたりすることが可能です。これにより、必要な情報を素早く見つけ出し、意味のある洞察を得ることができます。

　それでは、Python の pandas ライブラリを使用してデータの操作と集計を行ってみましょう。

　今回も data/sample_sales_data.xlsx を使用していきます。

　Visual Studio Code を開き、3_2_4 というフォルダを作成し、その中に main_a.py というファイルを作成してください。そして、この main.py に先の 3_2_2/main_b.py で使用した以下のスクリプトを記入してください。[注6]

　sample　3_2_4/main_a.py

```
import pandas as pd

# Excel ファイルのパス
file_path = 'data/sample_sales_data.xlsx'

# Excel ファイルを読み込む
df = pd.read_excel(file_path)

# DataFrame を表示
print(df)
```

　ではさっそくターミナルで以下のコマンドを実行して、Python スクリプトを実行してみます。

---

**注6**　一度スクリプトを実行し、問題なく動くことを確認してから先に進みましょう。実際にシステムエンジニアがプログラムを書く際にも、どこの段階まで動くことが保証されているのかを確認することはエラーの対処を行う際にとても重要です。

```
python 3_2_4/main_a.py
```

すると、以下のデータが出力されました。ここまでは問題なく動くことが確認できました。

```
   商品名 カテゴリ    価格    税率   販売数
0    りんご    果物  100  0.08    50
1    みかん    果物   50  0.08    80
2    バナナ    果物  120  0.08    60
3     牛乳    飲料  200  0.10    40
4     パン   パン類  150  0.08    70
5  チョコレート    お菓子  300  0.10    30
6    ジュース    飲料  100  0.10    90
7     お茶    飲料   80  0.10   100
8    コーヒー    飲料  150  0.10    60
9   ヨーグルト   乳製品  180  0.10    50
```

　では次に、こちらのデータを元に、商品ごとの売り上げと、カテゴリごとの売上を算出し、それぞれ異なる Excel シートにまとめる作業を Python で行ってみましょう。
　ChatGPT に以下のプロンプトを送信してみましょう。

● **Your prompt**
Python を使用して以下のカラムを持つ DataFrame から商品ごとの売上と、カテゴリごとの売上を算出し、それぞれ異なる Excel シートに出力するためのスクリプトを作成してください。

カラム
商品名,カテゴリ,価格,税率,販売数

以下の応答が得られました。

● **ChatGPT response**
以下の Python スクリプトは、指定されたカラムを持つ DataFrame から商品ごとの売上とカテゴリごとの売上を計算し、それぞれを異なる Excel シートに出力する方法を示しています。まず、必要なライブラリをインストールし、次にスクリプトを実行します。

```python
import pandas as pd

# DataFrameのサンプルデータを作成します
data = {
```

```
'商品名': ['商品A', '商品B', '商品C', '商品A', '商品B'],
'カテゴリ': ['カテゴリ1', 'カテゴリ1', 'カテゴリ2', 'カテゴリ2', 'カテゴリ1'],
'価格': [100, 200, 300, 100, 200],
'税率': [0.1, 0.1, 0.1, 0.1, 0.1],
'販売数': [10, 20, 30, 40, 50]
}

df = pd.DataFrame(data)
```

以下を使用

```
# 商品ごとの売上を計算
df['売上'] = df['価格'] * df['販売数'] * (1 + df['税率'])
product_sales = df.groupby('商品名')['売上'].sum().reset_index()

# カテゴリごとの売上を計算
category_sales = df.groupby('カテゴリ')['売上'].sum().reset_index()

# Excelファイルに出力
with pd.ExcelWriter('sales_report.xlsx') as writer:
    product_sales.to_excel(writer, sheet_name='商品ごとの売上', index=False)
    category_sales.to_excel(writer, sheet_name='カテゴリごとの売上', index=False)
```

```
print("売上レポートをsales_report.xlsxに出力しました。")
```

このスクリプトでは以下の手順を行います：

1. `pandas`ライブラリをインポートします。
2. サンプルデータを作成し、DataFrameに変換します。
3. 商品ごとの売上を計算します。
4. カテゴリごとの売上を計算します。
5. 売上データをExcelファイルの異なるシートに出力します。

このスクリプトを実行することで、商品ごとの売上およびカテゴリごとの売上が`sales_report.xlsx`というExcelファイルに出力されます。必要に応じて、サンプルデータを実際のデータに置き換えてください。

　ちょっと複雑そうなこともさくさくこなします。では、こちらの応答を参考に、DataFrameから商品ごとの売上と、カテゴリごとの売上を算出し、それぞれ異なるExcelシートに出力するためのスクリプトを完成させてみましょう。現在、3_2_4/main_a.pyには、DataFrameをprintを使用して出

力するスクリプトが書かれていると思います。それを以下のように変更し、ファイル名を main_b.py
として保存してみましょう。

**sample** `3_2_4/main_b.py`

```python
import pandas as pd

# Excel ファイルのパス
file_path = 'data/sample_sales_data.xlsx'

# Excel ファイルを読み込む
df = pd.read_excel(file_path)
```

以下に応答の「# カテゴリごとの売上を計算」以降を記載

```python
# 商品ごとの売上を計算
df['売上'] = df['価格'] * df['販売数'] * (1 + df['税率'])
product_sales = df.groupby('商品名')['売上'].sum().reset_index()

# カテゴリごとの売上を計算
category_sales = df.groupby('カテゴリ')['売上'].sum().reset_index()

# Excel ファイルに出力
with pd.ExcelWriter('3_2_4/sales_report.xlsx') as writer:      ◀ ファイルパスを修正
    product_sales.to_excel(writer, sheet_name='商品ごとの売上', index=False)
    category_sales.to_excel(writer, sheet_name='カテゴリごとの売上', index=False)
```

　df という変数はすでに作成されていたので、その下の部分を ChatGPT の応答に書き換えてみまし
た。

　では、こちらのスクリプトを実行してみましょう。

　ターミナルで以下のコマンドを実行し、Python スクリプトを実行します。

```
python 3_2_4/main_b.py
```

　3_2_4 フォルダを見ると、sales_report.xlsx というファイルが作成されたことが確認できます。

　また、Excel を開き、python-ai-programming のフォルダに入っている sales_report.xlsx を開
くと、それぞれのシートが作られ、データが入力されていることがわかります。

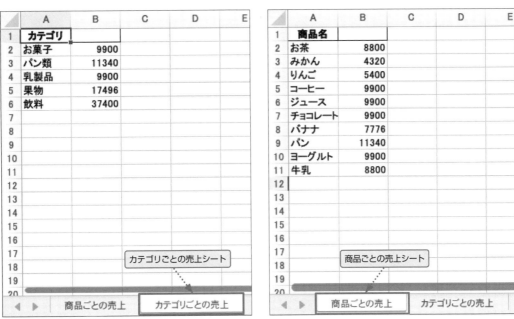

**図3.4　それぞれのシートに書き込めた**

　スクリプト通りに「商品ごとの売上」と「カテゴリごとの売上」というシートにそれぞれ商品ごととカテゴリごとの売上が入力されていることが確認できました。

　今回はChatGPTが出力時のシート名を作成してくれましたが、自分で指定することもできます。その場合は、スクリプトのsheet_nameの部分を書き換えることで、指定したシート名でデータを書き込むことができるようになります。以下の部分です。

```
# Excelファイルに出力

with pd.ExcelWriter('sales_report.xlsx') as writer:        ファイル名
    product_sales.to_excel(writer, sheet_name='商品ごとの売上', index=False)   シート名
    category_sales.to_excel(writer, sheet_name='カテゴリごとの売上', index=False)   シート名
```

　この項では、Pythonを用いてExcelを操作するための基本的な知識を身につけました。
　まず、データ型と変数について理解を深めました。Pythonには様々なデータ型があり、それぞれの特徴を把握することが重要です。整数、浮動小数点数、文字列、リスト、タプル、辞書、セットなどのデータ型を使いこなすことで、Excelデータを効果的に扱えるようになります。また、シートの作成やデータの記入方法についても学びました。
　次に、pandasライブラリの基本を学びました。pandasはExcelデータの処理や分析において重要なライブラリであり、DataFrameというデータ構造を用いてデータを操作します。Excelファイルの

読み込み方法や、データの操作方法についても理解しました。

　この章を通じて、Python を使って Excel を操作するための基礎知識を習得しました。これらの知識を活用することで、実際のビジネス問題に対して効果的な自動化が行えるようになります。

# 3.3 実習１：定例ミーティング用の資料作成を自動化・自動集計とグラフ作成で時間を節約

　ビジネスシーンにおいて、定期的なミーティング資料の作成は一般的な業務の1つです。各部門から提供されるデータを集約し、それを視覚的にわかりやすく提示する作業は、しばしば時間を要し、技術が必要です。しかし、pandas をはじめとするデータ処理ライブラリを使用することで、これらの作業を自動化し、時間の節約が可能になります。

## 3.3.1　集計作業の自動化

　集計はデータ分析の中核をなす作業であり、pandas ライブラリはこのプロセスを効率的に実行するための優れたツールです。Python のスクリプトを用いることで、かつて手作業で行われていた集計作業を自動化できます。

　ここでは、sample_sales_data2.xlsx というサンプルデータを使用します（x ページ参照）。

　このファイルには部門と売り上げに関する列が含まれているので、pandas ライブラリを使用して部門ごとの売り上げの合計を集計してみるよい例です。

　sample_sales_data2.xlsx には、以下のデータが入力されています。

| | A | B | C | D | E | F | G | H | I | J |
|---|---|---|---|---|---|---|---|---|---|---|
| 1 | 地区 | 部門 | FY2023Q1 | FY2023Q2 | FY2023Q3 | FY2023Q4 | FY2024Q1 | FY2024Q2 | FY2024Q3 | FY2024Q4 |
| 2 | 東京 | 営業1 | 1172 | 1289 | 1417 | 1558 | 1713 | 1884 | 2072 | 2279 |
| 3 | 東京 | 営業2 | 1047 | 1151 | 1266 | 1392 | 1531 | 1684 | 1852 | 2037 |
| 4 | 東京 | 営業3 | 1117 | 1228 | 1350 | 1485 | 1633 | 1796 | 1975 | 2172 |
| 5 | 東京 | 営業4 | 1192 | 1311 | 1442 | 1586 | 1744 | 1918 | 2109 | 2319 |
| 6 | 東京 | 営業5 | 1323 | 1455 | 1600 | 1760 | 1936 | 2129 | 2341 | 2575 |
| 7 | 大阪 | 営業1 | 1277 | 1324 | 1372 | 1422 | 1474 | 1528 | 1584 | 1642 |
| 8 | 大阪 | 営業2 | 1242 | 1114 | 999 | 896 | 804 | 721 | 646 | 579 |
| 9 | 大阪 | 営業3 | 1292 | 1201 | 1117 | 1038 | 965 | 897 | 834 | 775 |
| 10 | 大阪 | 営業4 | 1087 | 980 | 884 | 797 | 718 | 647 | 583 | 525 |
| 11 | 大阪 | 営業5 | 1070 | 982 | 901 | 827 | 759 | 696 | 638 | 585 |

図 3.5　サンプルファイル（sample_sales_data2.xlsx）の中身

　では、このデータに対して、今までの知識を活かして pandas ライブラリを使用して DataFrame を作成してみましょう。

　Visual Studio Code を開き、3_3_1 というフォルダを作成し、その中に main_a.py というファイル

を作成してください。

　また、サンプルデータを使用するため、dataフォルダにsample_sales_data2.xlsxを手動で配置してください（xページ参照）。

　そして、ExcelファイルからDataFrameを作成するためにmain_a.pyへ以下を記入します。これは3_2_2/main_b.pyファイルのExcelファイルのパスを修正したものです。

```python
import pandas as pd

# Excelファイルのパス
file_path = 'data/sample_sales_data2.xlsx'    ◀········ ファイルパスに注意

# Excelファイルを読み込む
df = pd.read_excel(file_path)

print(df)
```

そして、スクリプトを実行してみましょう。

ターミナルで以下のコマンドを実行し、Pythonスクリプトを実行します。

```
python 3_3_1/main_a.py
```

すると、すんなり以下のデータが出力されました。

| | 地区 | 部門 | FY2023Q1 | FY2023Q2 | FY2023Q3 | FY2023Q4 | FY2024Q1 | FY2024Q2 | FY2024Q3 | FY2024Q4 |
|---|---|---|---|---|---|---|---|---|---|---|
| 0 | 東京 | 営業1 | 1172 | 1289 | 1417 | 1558 | 1713 | 1884 | 2072 | 2279 |
| 1 | 東京 | 営業2 | 1047 | 1151 | 1266 | 1392 | 1531 | 1684 | 1852 | 2037 |
| 2 | 東京 | 営業3 | 1117 | 1228 | 1350 | 1485 | 1633 | 1796 | 1975 | 2172 |
| 3 | 東京 | 営業4 | 1192 | 1311 | 1442 | 1586 | 1744 | 1918 | 2109 | 2319 |
| 4 | 東京 | 営業5 | 1323 | 1455 | 1600 | 1760 | 1936 | 2129 | 2341 | 2575 |
| 5 | 大阪 | 営業1 | 1277 | 1324 | 1372 | 1422 | 1474 | 1528 | 1584 | 1642 |
| 6 | 大阪 | 営業2 | 1242 | 1114 | 999 | 896 | 804 | 721 | | |

| | | | | | | | | | |
|---|---|---|---|---|---|---|---|---|---|
| | 646 | | 579 | | | | | | |
| 7 | 大阪 | 営業3 | 1292 | 1201 | 1117 | 1038 | 965 | 897 | |
| | 834 | | 775 | | | | | | |
| 8 | 大阪 | 営業4 | 1087 | 980 | 884 | 797 | 718 | 647 | |
| | 583 | | 525 | | | | | | |
| 9 | 大阪 | 営業5 | 1070 | 982 | 901 | 827 | 759 | 696 | |
| | 638 | | 585 | | | | | | |

この出力されたデータを使用してChatGPTへの以下のプロンプトを作成します。新しいスレッドで作業をするのがよいです。

● **Your prompt**
以下のDataFrameがあります。
このDataFrameを元に、部門ごとの売り上げの合計を算出し、別のシートに出力するためのスクリプトを作成してください。

ここには上記のChatGPTのデータ

送信すると、以下の応答が得られました。

● **ChatGPT response**
以下は、指定されたDataFrameを元に、部門ごとの売り上げの合計を算出し、別のシートに出力するためのサンプルコードです。このコードでは、pandasとopenpyxlライブラリを使用しています。

```python
import pandas as pd

# DataFrameの作成
data = {
    '地区': ['東京', '東京', '東京', '東京', '東京', '大阪', '大阪', '大阪', '大阪',
'大阪'],
    '部門': ['営業1', '営業2', '営業3', '営業4', '営業5', '営業1', '営業2', '営業3',
'営業4', '営業5'],
    'FY2023Q1': [1172, 1047, 1117, 1192, 1323, 1277, 1242, 1292, 1087, 1070],
    'FY2023Q2': [1289, 1151, 1228, 1311, 1455, 1324, 1114, 1201, 980, 982],
    'FY2023Q3': [1417, 1266, 1350, 1442, 1600, 1372, 999, 1117, 884, 901],
    'FY2023Q4': [1558, 1392, 1485, 1586, 1760, 1422, 896, 1038, 797, 827],
    'FY2024Q1': [1713, 1531, 1633, 1744, 1936, 1474, 804, 965, 718, 759],
    'FY2024Q2': [1884, 1684, 1796, 1918, 2129, 1528, 721, 897, 647, 696],
    'FY2024Q3': [2072, 1852, 1975, 2109, 2341, 1584, 646, 834, 583, 638],
```

```
    'FY2024Q4': [2279, 2037, 2172, 2319, 2575, 1642, 579, 775, 525, 585]
}
df = pd.DataFrame(data)
```

以下を利用

```
# 部門ごとの売り上げ合計を計算
sales_sum = df.groupby('部門').sum()

# Excel ファイルに出力
with pd.ExcelWriter('sales_summary.xlsx', engine='openpyxl') as writer:
    df.to_excel(writer, sheet_name='Original Data', index=False)
    sales_sum.to_excel(writer, sheet_name='Sales Summary')
```

このコードは、まず指定されたデータでDataFrameを作成し、その後groupbyメソッドを使って部門ごとに売り上げを合計します。最後に、ExcelWriterを使用して、元のデータと売り上げのサマリーをそれぞれ別のシートに出力しています。出力されたExcelファイル(sales_summary.xlsx)には、「Original Data」と「Sales Summary」という名前の2つのシートが含まれています。

◁》 🗒 ⊠ ⋯⋯⋯⋯⋯⋯⋯⋯⋯⋯⋯⋯⋯⋯⋯⋯⋯⋯⋯⋯⋯⋯⋯⋯⋯⋯⋯⋯⋯⋯⋯

こちらの応答を参考に、部門ごとの売り上げの合計を算出し、別のシートに出力するためのスクリプトを作成してみましょう。

先ほどの3_3_1/main_a.pyを以下のように修正し、ファイル名をmain_b.pyとして保存します。

```
import pandas as pd

# Excel ファイルのパス
file_path = 'data/sample_sales_data2.xlsx'

# Excel ファイルを読み込む
df = pd.read_excel(file_path)
```

以下をChatGPTの「# 部門ごとの売り上げ合計を計算」以降に修正

```
# 部門ごとの売り上げ合計を計算
sales_sum = df.groupby('部門').sum()

# Excel ファイルに出力
with pd.ExcelWriter('3_3_1/sales_summary.xlsx', engine='openpyxl') as writer:
    df.to_excel(writer, sheet_name='Original Data', index=False)
    sales_sum.to_excel(writer, sheet_name='Sales Summary')
```

dfという変数はすでに作成されていたので、その下の部分をChatGPTの応答に書き換えてみまし

た。

では、こちらのスクリプトを実行してみましょう。

ターミナルで以下のコマンドを実行し、Python スクリプトを実行します。

```
python 3_3_1/main_b.py
```

作成された3_3_1/sales_summary.xlsxのExcelファイルを確認したところ、以下のデータが記入されていました。Pythonのバージョンによっては問題ないかもです。

東京と大阪が一緒に計算されてしまった

| | A | B | C | D | E | F | G | H | I | J |
|---|---|---|---|---|---|---|---|---|---|---|
| 1 | 部門 | 地区 | FY2023Q1 | FY2023Q2 | FY2023Q3 | FY2023Q4 | FY2024Q1 | FY2024Q2 | FY2024Q3 | FY2024Q4 |
| 2 | 営業1 | 東京大阪 | 2449 | 2613 | 2789 | 2980 | 3187 | 3412 | 3656 | 3921 |
| 3 | 営業2 | 東京大阪 | 2289 | 2265 | 2265 | 2288 | 2335 | 2405 | 2498 | 2616 |
| 4 | 営業3 | 東京大阪 | 2409 | 2429 | 2467 | 2523 | 2598 | 2693 | 2809 | 2947 |
| 5 | 営業4 | 東京大阪 | 2279 | 2291 | 2326 | 2383 | 2462 | 2565 | 2692 | 2844 |
| 6 | 営業5 | 東京大阪 | 2393 | 2437 | 2501 | 2587 | 2695 | 2825 | 2979 | 3160 |
| 7 | | | | | | | | | | |

図3.6　最初の結果は、東京と大阪が一緒に計算されてしまった。

これでは部門ごとではありますが、残念なことに東京と大阪の部門が一緒に計算されてしまっています。ですので、プロンプトを修正する必要があります。そこで、以下のようにプロンプトを工夫してみました。

先ほど使用したプロンプトとは異なり、どの単位で、どのように集計する必要があるのかをより詳細に説明しています。

メールで指示を出すように書いた文章からスクリプトを作成してくれるので、とても便利です。また、データを挟んたプロンプトとしました。

プロンプトで使用したDataFrameのデータは45ページの「python 3_3_1/main_a.py」の実行結果です。

● **Your prompt**

以下のDataFrameがあります。　◀‥‥‥‥‥ 始めにデータを示した

```
地区    部門   FY2023Q1   FY2023Q2   FY2023Q3   FY2023Q4   FY2024Q1   FY2024Q2
FY2024Q3   FY2024Q4
0  東京  営業1    1172      1289       1417       1558       1713       1884
2072      2279
1  東京  営業2    1047      1151       1266       1392       1531       1684
1852      2037
```

| | | | | | | | | | |
|---|---|---|---|---|---|---|---|---|---|
| 2 | 東京 | 営業3 | 1117 | 1228 | 1350 | 1485 | 1633 | 1796 | |
| | | | 1975 | 2172 | | | | | |
| 3 | 東京 | 営業4 | 1192 | 1311 | 1442 | 1586 | 1744 | 1918 | |
| | | | 2109 | 2319 | | | | | |
| 4 | 東京 | 営業5 | 1323 | 1455 | 1600 | 1760 | 1936 | 2129 | |
| | | | 2341 | 2575 | | | | | |
| 5 | 大阪 | 営業1 | 1277 | 1324 | 1372 | 1422 | 1474 | 1528 | |
| | | | 1584 | 1642 | | | | | |
| 6 | 大阪 | 営業2 | 1242 | 1114 | 999 | 896 | 804 | 721 | |
| | | | 646 | 579 | | | | | |
| 7 | 大阪 | 営業3 | 1292 | 1201 | 1117 | 1038 | 965 | 897 | |
| | | | 834 | 775 | | | | | |
| 8 | 大阪 | 営業4 | 1087 | 980 | 884 | 797 | 718 | 647 | |
| | | | 583 | 525 | | | | | |
| 9 | 大阪 | 営業5 | 1070 | 982 | 901 | 827 | 759 | 696 | |
| | | | 638 | 585 | | | | | |

このDataFrameを元に、各部門ごとのFY2023Q1からFY2024Q4までの2年間の売り上げの合計を算出し、「部門別売上」という名前のシートに出力するためのスクリプトを作成してください。
ただし、東京と大阪で同じ名前の部門があるので、区別して集計できるようにしてください。

このプロンプトに対し、以下の応答が得られました。

● **ChatGPT response** ⋯⋯⋯⋯⋯⋯⋯⋯⋯⋯⋯⋯⋯⋯⋯⋯⋯⋯⋯⋯⋯⋯⋯⋯⋯⋯⋯⋯⋯⋯⋯⋯⋯⋯⋯⋯⋯⋯⋯⋯⋯⋯⋯⋯⋯⋯⋯⋯⋯
以下のスクリプトを参考にしてください。このコードでは、Pandasライブラリを使用して、各部門ごとの2年間の売り上げ合計を計算し、Excelファイルに出力します。

```
import pandas as pd

# DataFrameの作成
data = {
    '地区': ['東京', '東京', '東京', '東京', '東京', '大阪', '大阪', '大阪', '大阪', '大阪'],
    '部門': ['営業1', '営業2', '営業3', '営業4', '営業5', '営業1', '営業2', '営業3', '営業4', '営業5'],
    'FY2023Q1': [1172, 1047, 1117, 1192, 1323, 1277, 1242, 1292, 1087, 1070],
    'FY2023Q2': [1289, 1151, 1228, 1311, 1455, 1324, 1114, 1201, 980, 982],
    'FY2023Q3': [1417, 1266, 1350, 1442, 1600, 1372, 999, 1117, 884, 901],
    'FY2023Q4': [1558, 1392, 1485, 1586, 1760, 1422, 896, 1038, 797, 827],
    'FY2024Q1': [1713, 1531, 1633, 1744, 1936, 1474, 804, 965, 718, 759],
```

```
        'FY2024Q2': [1884, 1684, 1796, 1918, 2129, 1528, 721, 897, 647, 696],
        'FY2024Q3': [2072, 1852, 1975, 2109, 2341, 1584, 646, 834, 583, 638],
        'FY2024Q4': [2279, 2037, 2172, 2319, 2575, 1642, 579, 775, 525, 585]
}
df = pd.DataFrame(data)
```

以下を利用

```
# 各部門ごとの2年間の売り上げ合計を計算
df['合計'] = df.iloc[:, 2:].sum(axis=1)

# 地区と部門を結合して新しい列を作成
df['地区部門'] = df['地区'] + '-' + df['部門']

# 結果をExcelファイルに出力
output_df = df[['地区部門', '合計']]
output_df.to_excel('部門別売上.xlsx', index=False, sheet_name='部門別売上')
```

このコードは、まず DataFrame を作成し、各部門ごとの 2 年間の売り上げ合計を計算します。その後、地区と部門を結合して新しい列を作成し、この列と売り上げ合計を含む新しい DataFrame を Excel ファイルに出力します。

🔊 📋 ❎ ···········································································

　こちらの応答を参考に、スクリプトを以下のように修正し、ファイル名を main_c.py として保存します。

📎 sample　3_3_1/main_c.py

```
import pandas as pd

# Excelファイルのパス
file_path = 'data/sample_sales_data2.xlsx'

# Excelファイルを読み込む
df = pd.read_excel(file_path)
```

先の「部門ごとの売り上げ合計を計算」以下を、ChatGPT 応答の「# 各部門ごとの 2 年間の売り上げ合計を計算」に修正

```
# 各部門ごとの2年間の売り上げ合計を計算
df['合計'] = df.iloc[:, 2:].sum(axis=1)

# 地区と部門を結合して新しい列を作成
df['地区部門'] = df['地区'] + '-' + df['部門']
```

```
# 結果をExcelファイルに出力
output_df = df[['地区部門', '合計']]
output_df.to_excel('3_3_1/部門別売上.xlsx', index=False, sheet_name='部門別売上')
```

では、こちらのスクリプトを実行してみましょう。

ターミナルで以下のコマンドを実行し、Pythonスクリプトを実行します。

```
python 3_3_1/main_c.py
```

3_3_1というフォルダの中に部門別売上.xlsxというファイルが作成されたので、確認してみると、以下のデータが記入されていました。

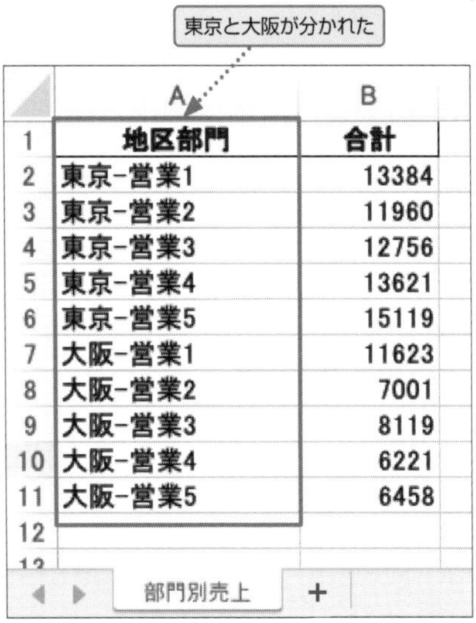

図3.7　スクリプトをChatGPTを参考に改良し、「東京と大阪を分けることができた。

部門別売上.xlsxには部門別の売り上げの合計が記入されていることがわかります。

この表では地区部門で並べられていますが、合計が大きい順になるように並べる方法も試してみましょう。ChatGPTに以下のプロンプトを送信します。先ほど修正した3_3_1/main_c.pyスクリプト（50ページ）を使っています。

● **Your prompt**
以下のスクリプトを、「合計」のカラムで降順に並べ替えるよう修正してください。

```
import pandas as pd
```

```
# Excelファイルのパス
file_path = 'data/sample_sales_data2.xlsx'

# Excelファイルを読み込む
df = pd.read_excel(file_path)

# 各部門ごとの2年間の売り上げ合計を計算
df['合計'] = df.iloc[:, 2:].sum(axis=1)

# 地区と部門を結合して新しい列を作成
df['地区部門'] = df['地区'] + '-' + df['部門']

# 結果をExcelファイルに出力
output_df = df[['地区部門', '合計']]
output_df.to_excel('3_3_1/部門別売上.xlsx', index=False, sheet_name='部門別売上')
```

すると以下の応答が得られました。

修正したスクリプトをプロンプトに入れたので、ファイルパスなどはそのまま使えるスクリプトになりました。

● **ChatGPT response**

以下のスクリプトでは、合計列で降順に並べ替えるように修正しました。

🍷 sample　3_3_1_2/main.py

```
import pandas as pd

# Excelファイルのパス
file_path = 'data/sample_sales_data2.xlsx'

# Excelファイルを読み込む
df = pd.read_excel(file_path)

# 各部門ごとの2年間の売り上げ合計を計算
df['合計'] = df.iloc[:, 2:].sum(axis=1)

# 地区と部門を結合して新しい列を作成
df['地区部門'] = df['地区'] + '-' + df['部門']
```

```
# 「合計」のカラムで降順に並べ替え  ◀…… ここが修正された
df.sort_values(by='合計', ascending=False, inplace=True)

# 結果をExcelファイルに出力
output_df = df[['地区部門', '合計']]
output_df.to_excel('3_3_1_2/部門別売上.xlsx', index=False, sheet_name='部門別売上')
```

ここまで　3_3_1_2/main.py

では、こちらのスクリプトを使用してみましょう。Visual Studio Codeを開き、3_3_1_2というフォルダを作成し、その中にmain.pyというファイルを作成してください。そして、上記のChatGPTのスクリプトをmain.pyにコピペしてください。出力ファイルのパスは3_3_1_2/部門別売上.xlsxとします。そして、以下のコマンドでスクリプトを実行します。

```
python 3_3_1_2/main.py
```

実行すると、3_3_1_2というフォルダに部門別売上.xlsxというファイルが作成され、中身を確認すると以下のデータが入力されていました。プロンプトで指定した通り、「合計」のカラムで降順に並べられていることがわかります。

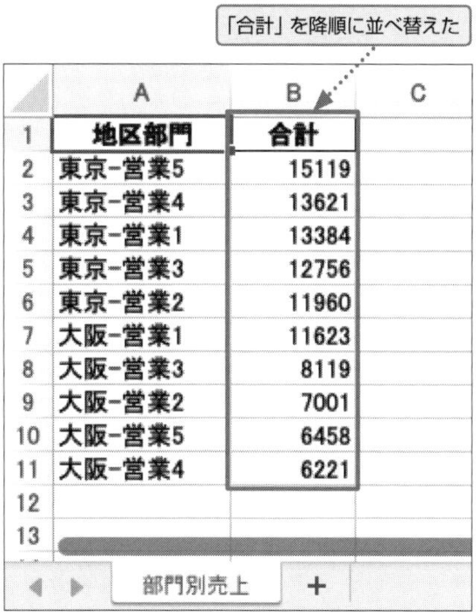


| 地区部門 | 合計 |
|---|---|
| 東京-営業5 | 15119 |
| 東京-営業4 | 13621 |
| 東京-営業1 | 13384 |
| 東京-営業3 | 12756 |
| 東京-営業2 | 11960 |
| 大阪-営業1 | 11623 |
| 大阪-営業3 | 8119 |
| 大阪-営業2 | 7001 |
| 大阪-営業5 | 6458 |
| 大阪-営業4 | 6221 |

図3.8　「合計」を降順に並べ替わった

この項では、売り上げデータの合計を算出するためのスクリプトをChatGPTを使用して作成することができました。また、作成したスクリプトを元に、特定のカラムで降順に並べ替えて出力するこ

ともできました。

　データ分析の日常業務において、集計作業は非常に重要な役割を果たします。従来の手作業による処理は時間がかかりがちですが、ChatGPT と Pandas ライブラリと Python スクリプトを駆使することで、作業を効率的かつ正確に行うことができます。この自動化により、以前は時間を要していた作業を素早く完了させることが可能になり、その結果、時間を節約し、より本質的な分析タスクや意思決定プロセスに注力できるようになります。

## 3.3.2　matplotlibを使用したグラフの作成

　次に、集計後のデータを使ってグラフを自動生成する方法を学びます。ここでは、棒グラフを作成するためのmatplotlibというライブラリの使用方法と、複雑なデータパターンを明瞭に示すためのseabomというライブラリを使用したヒートマップの作成方法を紹介します。

　この項でも先ほどと同様にsample_sales_data2.xlsxを使用していきます。

　まずは、部門ごとの売り上げの推移を折れ線グラフにするスクリプトをChatGPTを使用して作成してみましょう。

　Visual Studio Codeを開き、3_3_2というフォルダを作成し、その中にmain_a.pyというファイルを作成してください。そして、data/sample_sales_data2.xlsxのデータをDataFrameとして取得する以下のスクリプトをmain_a.pyに記入してください。これは、3_2_2/main_a.pyファイルのExcelファイルのパスが異なるものです。

```python
import pandas as pd

# Excelファイルのパス
file_path = 'data/sample_sales_data2.xlsx'    ◀········· ファイルパスに注意

# Excelファイルを読み込む
df = pd.read_excel(file_path)
```

　そして、折れ線グラフを表示するスクリプトをChatGPTに教えてもらうため、以下のプロンプトを送信します。DataFrameのデータは45ページの「3_3_1/main_a.py」の実行結果です。

● **Your prompt**
以下のDataFrameがあります。

```
地区　部門　FY2023Q1　FY2023Q2　FY2023Q3　FY2023Q4　FY2024Q1　FY2024Q2
FY2024Q3　FY2024Q4
0　東京　営業1　　　1172　　　1289　　　1417　　　1558　　　1713　　　1884
```

|   |    |      |      |      |      |      |      |      |
|---|----|------|------|------|------|------|------|------|
|   |    | 2072 | 2279 |      |      |      |      |      |
| 1 | 東京 | 営業2 | 1047 | 1151 | 1266 | 1392 | 1531 | 1684 |
|   |    | 1852 | 2037 |      |      |      |      |      |
| 2 | 東京 | 営業3 | 1117 | 1228 | 1350 | 1485 | 1633 | 1796 |
|   |    | 1975 | 2172 |      |      |      |      |      |
| 3 | 東京 | 営業4 | 1192 | 1311 | 1442 | 1586 | 1744 | 1918 |
|   |    | 2109 | 2319 |      |      |      |      |      |
| 4 | 東京 | 営業5 | 1323 | 1455 | 1600 | 1760 | 1936 | 2129 |
|   |    | 2341 | 2575 |      |      |      |      |      |
| 5 | 大阪 | 営業1 | 1277 | 1324 | 1372 | 1422 | 1474 | 1528 |
|   |    | 1584 | 1642 |      |      |      |      |      |
| 6 | 大阪 | 営業2 | 1242 | 1114 | 999 | 896 | 804 | 721 |
|   |    | 646 | 579 |      |      |      |      |      |
| 7 | 大阪 | 営業3 | 1292 | 1201 | 1117 | 1038 | 965 | 897 |
|   |    | 834 | 775 |      |      |      |      |      |
| 8 | 大阪 | 営業4 | 1087 | 980 | 884 | 797 | 718 | 647 |
|   |    | 583 | 525 |      |      |      |      |      |
| 9 | 大阪 | 営業5 | 1070 | 982 | 901 | 827 | 759 | 696 |
|   |    | 638 | 585 |      |      |      |      |      |

このDataFrameを元に、各部門ごとのFY2023Q1からFY2024Q4までの2年間の売り上げの推移を折れ線グラフとして表現するスクリプト作成してください。

以下の応答が得られました。簡単な説明や必要ライブラリが示されています。

● **ChatGPT response**

以下は、指定されたDataFrameを用いて各部門のFY2023Q1からFY2024Q4までの2年間の売上推移を折れ線グラフとして表現するPythonスクリプトです。matplotlibライブラリを使用しています。

```python
import pandas as pd
import matplotlib.pyplot as plt

# DataFrameの定義
data = {
    '地区': ['東京', '東京', '東京', '東京', '東京', '大阪', '大阪', '大阪', '大阪',
'大阪'],
    '部門': ['営業1', '営業2', '営業3', '営業4', '営業5', '営業1', '営業2', '営業3',
'営業4', '営業5'],
    'FY2023Q1': [1172, 1047, 1117, 1192, 1323, 1277, 1242, 1292, 1087, 1070],
    'FY2023Q2': [1289, 1151, 1228, 1311, 1455, 1324, 1114, 1201, 980, 982],
```

```
        'FY2023Q3': [1417, 1266, 1350, 1442, 1600, 1372, 999, 1117, 884, 901],
        'FY2023Q4': [1558, 1392, 1485, 1586, 1760, 1422, 896, 1038, 797, 827],
        'FY2024Q1': [1713, 1531, 1633, 1744, 1936, 1474, 804, 965, 718, 759],
        'FY2024Q2': [1884, 1684, 1796, 1918, 2129, 1528, 721, 897, 647, 696],
        'FY2024Q3': [2072, 1852, 1975, 2109, 2341, 1584, 646, 834, 583, 638],
        'FY2024Q4': [2279, 2037, 2172, 2319, 2575, 1642, 579, 775, 525, 585]
}
df = pd.DataFrame(data)

# 部門ごとの売上推移を折れ線グラフで表示
plt.figure(figsize=(12, 8))
for i in range(len(df)):
    plt.plot(df.columns[2:], df.iloc[i, 2:], label=f"{df.iloc[i, 0]}-{df.iloc[i, 1]}")

plt.title('各部門のFY2023Q1からFY2024Q4までの売上推移')
plt.xlabel('四半期')
plt.ylabel('売上')
plt.legend()
plt.grid(True)
plt.show()
```

このスクリプトでは、まず DataFrame を定義し、各部門ごとに四半期ごとの売上を折れ線グラフで表示しています。凡例には「地区 - 部門」の形式で表示されるようにしています。

◁)) 盲 ☒ ……………………………………………………………………………………………

　こちらの応答を参考に、売り上げから折れ線グラフを作成するためのスクリプトを作成してみましょう。現在、3_3_2/main_a.py には、data/sample_sales_data2.xlsx のデータを DataFrame として取得するスクリプトが書かれていると思います。それを以下のように変更し、ファイル名を main_b.py として保存してみましょう。

```
import pandas as pd
import matplotlib.pyplot as plt    ◀········· 追加

# Excel ファイルのパス
file_path = 'data/sample_sales_data2.xlsx'

# Excel ファイルを読み込む
df = pd.read_excel(file_path)
```

以下に、ChatGPTの「# 部門ごとの売上推移を折れ線グラフで表示」以下を記載

```python
# 部門ごとの売上推移を折れ線グラフで表示
plt.figure(figsize=(12, 8))
for i in range(len(df)):
    plt.plot(df.columns[2:], df.iloc[i, 2:], label=f"{df.iloc[i, 0]}-{df.iloc[i, 1]}")

plt.title('各部門のFY2023Q1からFY2024Q4までの売上推移')
plt.xlabel('四半期')
plt.ylabel('売上')
plt.legend()
plt.grid(True)
plt.show()
```

では、こちらのスクリプトを実行してみましょう。

ターミナルで以下のコマンドを実行し、Pythonスクリプトを実行します。

```
python 3_3_2/main_b.py
```

すると、以下の画像が表示されました。

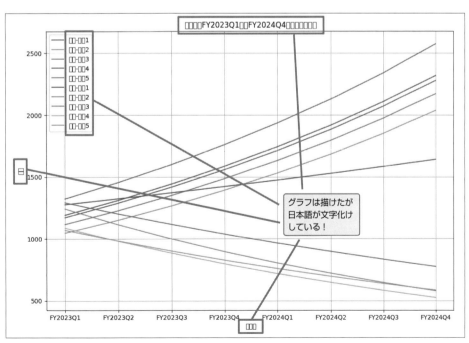

図3.9 表示されたグラフ（文字化けしないようにスクリプトの改良が必要な状態）

　文字化けが起こってしまっているのがわかります。これはmatplotlibライブラリが日本語フォントに対応していないためです。現在、matplotlibライブラリで作成したグラフで日本語フォントを使用する方法の1つとして、japanize-matplotlibというライブラリを使用する方法があります。今回はその方法で解決していこうと思います。

　ターミナルで以下のコマンドを実行し、japanize-matplotlibライブラリをインストールしてください（--upgradeオプションを使用すると更新されます）。

```
pip install japanize-matplotlib
```

　そして、3_3_2/main_b.pyファイルの先頭から3行目にimport japanize_matplotlibを追記し、ファイル名をmain_cとして保存します。

**sample** `3_3_2/main_c.py`

```python
import pandas as pd
import matplotlib.pyplot as plt
import japanize_matplotlib    ◀·········· ライブラリを追記

# Excelファイルのパス
file_path = 'data/sample_sales_data2.xlsx'

# Excelファイルを読み込む
df = pd.read_excel(file_path)

# 部門ごとの売上推移を折れ線グラフで表示
plt.figure(figsize=(12, 8))
for i in range(len(df)):
    plt.plot(df.columns[2:], df.iloc[i, 2:], label=f"{df.iloc[i, 0]}-{df.iloc[i, 1]}")

plt.title('各部門のFY2023Q1からFY2024Q4までの売上推移')
plt.xlabel('四半期')
plt.ylabel('売上')
plt.legend()
plt.grid(True)
plt.show()
```

　では、もう一度スクリプトを実行してみましょう。
　ターミナルで以下のコマンドを実行します。

```
python 3_3_2/main_c.py
```

実行すると、以下のように文字化けなく表示されます。

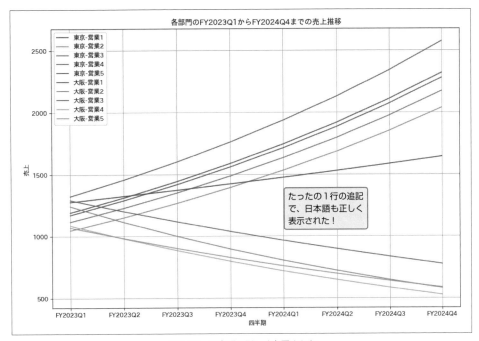

図3.10　日本語も正しく表示された

　japanize_matplotlibライブラリのおかげで、文字化けせずに表示されました。こういうライブラリを探し出すのにもChatGPTは便利です。

　では、次に、上記のグラフをカスタマイズする方法についてChatGPTに質問してみましょう。
まずは、グラフの色を「モノクロ」に対応するように指示を出してみます。

● **Your prompt**
　以下のスクリプトを、グラフをモノクロで描画するように修正してください。

　　　　ここには3_3_2/main_c.pyのスクリプト

　すると、以下の応答が得られました。
plt.plot()関数にcolor引数を使うなどの説明もあります。

● **ChatGPT response** ·········································································

モノクロでグラフを描画するには、plt.plot() 関数に color 引数を追加して、黒またはグレースケールの色を指定します。以下のスクリプトは、各線を異なるグレースケールで描画するように修正されています。

📄 sample `3_3_2_2/main.py`

```python
import pandas as pd
import matplotlib.pyplot as plt
import japanize_matplotlib

# Excel ファイルのパス
file_path = 'data/sample_sales_data2.xlsx'

# Excel ファイルを読み込む
df = pd.read_excel(file_path)

# 部門ごとの売上推移を折れ線グラフで表示
```

> ここが修正された

```python
plt.figure(figsize=(12, 8))
colors = ['black', 'gray', 'silver', 'dimgray', 'darkgray', 'lightgray']
for i in range(len(df)):
    plt.plot(df.columns[2:], df.iloc[i, 2:], label=f"{df.iloc[i, 0]}-{df.iloc[i, 1]}", color=colors[i % len(colors)])
```

```python
plt.title('各部門のFY2023Q1からFY2024Q4までの売上推移')
plt.xlabel('四半期')
plt.ylabel('売上')
plt.legend()
plt.grid(True)
plt.show()
```

ここまで　`3_3_2_2/main.py`

このスクリプトでは、6つの異なるグレースケール ('black', 'gray', 'silver', 'dimgray', 'darkgray', 'lightgray') を使用しています。線の数がこれらの色の数を超える場合、色は繰り返し使用されます。必要に応じて、色のリストを拡張または変更することができます。

🔊 📋 ☒ ·········································································

　では、こちらのスクリプトを使用してみましょう。Visual Studio Code を開き、3_3_2_2というフォルダを作成し、その中に main.py というファイルを作成してください。そして、上記の ChatGPT のスクリプトを main.py に貼り付けてください。

そして、以下のコマンドでスクリプトを実行します。

```
python 3_3_2_2/main_c.py
```

実行すると、以下の図が表示されました。プロンプトで指定したように、グラフがモノクロで描画されていることがわかります。

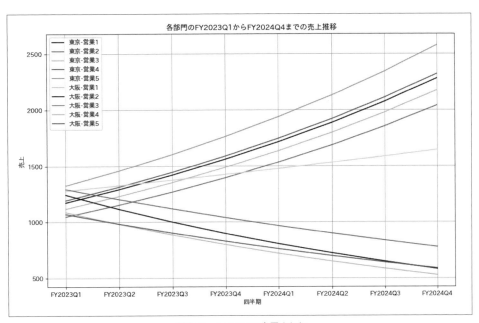

図3.11　モノクロで表示された

　次は、「東京 - 営業1」のグラフを強調するため、「東京 - 営業1」のグラフのみ色付きで線の太さを3倍にするように指定してみましょう。
　以下のプロンプトをChatGPTに送信します。

**Your prompt**
以下のスクリプトを、「東京・営業1」グラフのみ色付き（青）で線の太さを他のグラフの3倍にするように修正してください。

> ここには3_3_2_2/main.pyのスクリプト

すると、以下の応答が得られました。
先頭にプロンプト内容が要約されています。

● **ChatGPT response**

以下のスクリプトは、「東京 - 営業1」のグラフのみ色を青にし、線の太さを他のグラフの3倍にしています。

**sample** `3_3_2_3/main.py`

```python
import pandas as pd
import matplotlib.pyplot as plt
import japanize_matplotlib

# Excel ファイルのパス
file_path = 'data/sample_sales_data2.xlsx'

# Excel ファイルを読み込む
df = pd.read_excel(file_path)

# 部門ごとの売上推移を折れ線グラフで表示
plt.figure(figsize=(12, 8))
colors = ['black', 'gray', 'silver', 'dimgray', 'darkgray', 'lightgray']
for i in range(len(df)):
    label = f"{df.iloc[i, 0]}-{df.iloc[i, 1]}"
    if label == '東京 - 営業1':
            plt.plot(df.columns[2:], df.iloc[i, 2:], label=label, color='blue',
linewidth=3)
    else:
            plt.plot(df.columns[2:], df.iloc[i, 2:], label=label, color=colors[i %
len(colors)])
```

> ここが修正された

```python
plt.title('各部門のFY2023Q1からFY2024Q4までの売上推移')
plt.xlabel('四半期')
plt.ylabel('売上')
plt.legend()
plt.grid(True)
plt.show()
```

ここまで `3_3_2_3/main.py`

このスクリプトでは、label 変数を使って各グラフのラベルを作成し、'東京 - 営業1' のラベルを持つグラフだけ特別に扱っています。このグラフの色は青に設定され、線の太さはlinewidth=3によって他のグラフの3倍に設定されています。他のグラフは、以前と同じようにcolorsリストから色を選んで描画されます。

🔊 📋 ☒

では、こちらのスクリプトを使用してみましょう。Visual Studio Codeを開き、3_3_2_3というフォルダを作成し、その中にmain.pyというファイルを作成してください。そして、上記のChatGPTのスクリプトをmain.pyに貼り付けてください。

そして、以下のコマンドでスクリプトを実行します。

```
python 3_3_2_3/main.py
```

実行すると、以下の図が表示されました。プロンプトで指定したように、「東京 - 営業1」のグラフが色付き（青）で他のグラフの線の3倍の太さで描画されていることがわかります。

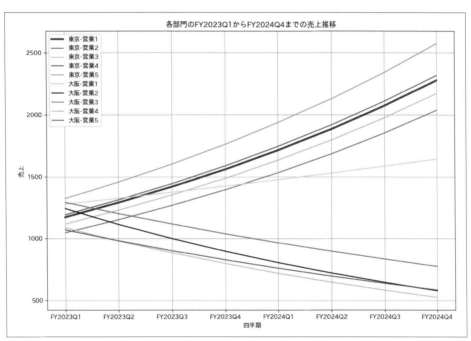

図3.12「東京 - 営業1」のグラフに色が付き、他のグラフの線の太さの3倍

このように、段階的にプロンプトを出していくことによって、一回のプロンプトでは作成が難しいようなスクリプトの作成も行うことができます。

売上データを効率的に集計し、ビジュアルリッチなレポートを生成するためのプロセスを構築することは、ビジネスの意思決定において非常に重要です。自動化スクリプトの作成により、手作業によるエラーを減らし、時間を節約することができます。また、グラフを用いることで、データをより鮮明かつ効果的に伝えることができます。

次の項ではseabornライブラリを使用して様々なグラフを作成する方法を試してみましょう。

### 3.3.3　seabornを使用したグラフの作成

　次に、seabornというライブラリ[注7]を用いて様々なグラフを作成する手法を紹介します。seaborn
ライブラリは、matplotlibライブラリに基づいて開発されたPythonのデータ可視化ライブラリで、
魅力的なグラフを簡単に作成できる豊富な機能やスタイルを提供しています。

　まずは3.3.2項と同様に、data/sample_sales_data2.xlsxからDataFrameを作成するところまで
作成してみましょう。Visual Studio Codeを開き、3_3_3というフォルダを作成し、その中にmain_
a.pyというファイルを作成してください。そして、data/sample_sales_data2.xlsxのデータを
DataFrameとして取得する以下のスクリプトを記入してください。54ページの3_3_2/main_a.pyと
同じです。

```python
import pandas as pd

# Excel ファイルのパス
file_path = 'data/sample_sales_data2.xlsx'

# Excel ファイルを読み込む
df = pd.read_excel(file_path)
```

そして、seabornライブラリを使用した様々なグラフ作成の方法をChatGPTに教えてもらいます。
まずは、どのようなグラフを作成するのが有効的なのかを聞いてみようと思います。

● **Your prompt**
以下のDataFrameを元にseabornを使用してグラフを作成する場合、データの分析においてどのよ
うなグラフを作成するのが有効的でしょうか。

> ここには45ページの「python 3_3_1/main_a.py」の実行結果

　送信すると以下の応答が得られました。

　「どのような」に対応して、4種類のグラフを提案しています。また。使用するseabornライブラリ
にも言及しています。

● **ChatGPT response** ⋯⋯⋯⋯⋯⋯⋯⋯⋯⋯⋯⋯⋯⋯⋯⋯⋯⋯⋯⋯⋯⋯⋯⋯⋯⋯⋯⋯⋯⋯⋯⋯⋯⋯⋯⋯⋯⋯⋯⋯⋯⋯
　このデータセットでは、地区ごとの部門別の売上推移が示されています。データの分析において、以下の
ようなグラフを作成すると有効です。

---

**注7**　何をするには、どういったライブラリがよいかも ChatGPT は教えてくれます

1.　**折れ線グラフ**：　各部門の売上推移を折れ線グラフで表すことで、時間の経過に伴う売上の変化を視覚的に捉えることができます。地区ごとに色分けすると、地区間の比較も容易になります。

2.　**棒グラフ**：　各四半期ごとの総売上を棒グラフで表すことで、各地区や部門の売上の大小を比較することができます。積み上げ棒グラフを使用すると、各部門が全体に占める割合も把握できます。

3.　**ヒートマップ**：　四半期ごとの売上をヒートマップで表すことで、高売上と低売上の部門や期間を一目で識別することができます。色の濃淡で売上の大小を表現します。

4.　**箱ひげ図**：　各部門の売上の分布を箱ひげ図で表すことで、中央値、四分位範囲、外れ値などの統計的特徴を視覚的に理解することができます。

これらのグラフを組み合わせることで、データの傾向や特徴を多角的に分析することができます。seabornライブラリを使用すると、これらのグラフを簡単に作成することができます。

🔊 📋 ⊠ ┈┈┈┈┈┈┈┈┈┈┈┈┈┈┈┈┈┈┈┈┈┈┈┈┈┈┈┈┈┈┈┈┈┈

次に同じスレッドで以下のプロンプトを送信し、グラフを作成してもらえるようお願いしてみます。人間にお願いをする感じで書けます。seabornだけでライブラリと認識されました。

● **Your prompt**
では、実際にseabornを使用してこれらのグラフを作成してみてもらえますか？

送信すると以下の応答が得られました。
フレンドリーな「もちろんです」で始まっています。

● **ChatGPT response** ┈┈┈┈┈┈┈┈┈┈┈┈┈┈┈┈┈┈┈┈┈┈┈┈┈┈┈┈┈┈┈┈┈
もちろんです。まずは、提供されたデータをPythonのDataFrameに変換し、Seabornを使用してグラフを作成してみましょう。ここでは、折れ線グラフ、棒グラフ、ヒートマップ、箱ひげ図の例を示します。

```
import pandas as pd
import seaborn as sns
import matplotlib.pyplot as plt

# データの準備
data = {
    '地区': ['東京', '東京', '東京', '東京', '東京', '大阪', '大阪', '大阪', '大阪', '大阪'],
    '部門': ['営業1', '営業2', '営業3', '営業4', '営業5', '営業1', '営業2', '営業3',
```

```
'営業4', '営業5'],
    'FY2023Q1': [1172, 1047, 1117, 1192, 1323, 1277, 1242, 1292, 1087, 1070],
    'FY2023Q2': [1289, 1151, 1228, 1311, 1455, 1324, 1114, 1201, 980, 982],
    'FY2023Q3': [1417, 1266, 1350, 1442, 1600, 1372, 999, 1117, 884, 901],
    'FY2023Q4': [1558, 1392, 1485, 1586, 1760, 1422, 896, 1038, 797, 827],
    'FY2024Q1': [1713, 1531, 1633, 1744, 1936, 1474, 804, 965, 718, 759],
    'FY2024Q2': [1884, 1684, 1796, 1918, 2129, 1528, 721, 897, 647, 696],
    'FY2024Q3': [2072, 1852, 1975, 2109, 2341, 1584, 646, 834, 583, 638],
    'FY2024Q4': [2279, 2037, 2172, 2319, 2575, 1642, 579, 775, 525, 585]
}


df = pd.DataFrame(data)
```

以下を利用する

```
# 長い形式のデータフレームに変換
df_melted = df.melt(id_vars=['地区', '部門'], var_name='四半期', value_name='売上')

# 折れ線グラフ
plt.figure(figsize=(10, 6))
sns.lineplot(data=df_melted, x='四半期', y='売上', hue='地区', style='部門')
plt.xticks(rotation=45)
plt.title('部門別売上推移')
plt.show()

# 棒グラフ
plt.figure(figsize=(10, 6))
sns.barplot(data=df_melted, x='四半期', y='売上', hue='地区')
plt.xticks(rotation=45)
plt.title('地区別四半期売上')
plt.show()

# ヒートマップ
plt.figure(figsize=(10, 6))
heatmap_data = df.drop(['地区', '部門'], axis=1).set_index(df['地区'] + ' ' + df['部門'])
sns.heatmap(heatmap_data, annot=True, fmt='d', cmap='coolwarm')
plt.title('部門別四半期売上ヒートマップ')
plt.show()

# 箱ひげ図
plt.figure(figsize=(10, 6))
```

```
sns.boxplot(data=df_melted, x='部門', y='売上', hue='地区')
plt.title('地区別部門売上分布')
plt.show()
```

このコードは、提供されたデータに基づいて、折れ線グラフ、棒グラフ、ヒートマップ、箱ひげ図を作成します。グラフのスタイルやパラメータは、分析の目的や好みに応じて調整できます。

実際にグラフを作成するためのコードを作成してもらえました。今回はこちらのコードを参考にしてグラフを作成するスクリプトを作成していこうと思います。

3_3_3/main_a.pyを以下のように修正し、ファイル名をmain_b.pyとして保存します。

**sample** `3_3_3/main_b.py`

```
import pandas as pd
import seaborn as sns
import matplotlib.pyplot as plt
import japanize_matplotlib
# Excelファイルのパス
file_path = 'data/sample_sales_data2.xlsx'

# Excelファイルを読み込む
df = pd.read_excel(file_path)
```

追加

ここにはChatGPTの「# 長い形式のデータフレームに変換」以降

今回も3.3.2項と同様、グラフで日本語を表示するため、japanize_matplotlibを使用しています。

スクリプトを実行する前に、ターミナルで以下のコマンドを実行し、Pythonにseabornライブラリをインストールします（--upgradeオプションを使用すると更新されます）。

```
pip install seaborn
```

インストールが確認できたらスクリプトを実行してみましょう。

ターミナルで以下のコマンドを入力し、Pythonスクリプトを実行します。

```
python 3_3_3/main_b.py
```

　すると、以下の画像が表示されました。一度にすべての画像が表示されるのではなく、表示されている画像のウィンドウを消すことで次の画像が表示されます。

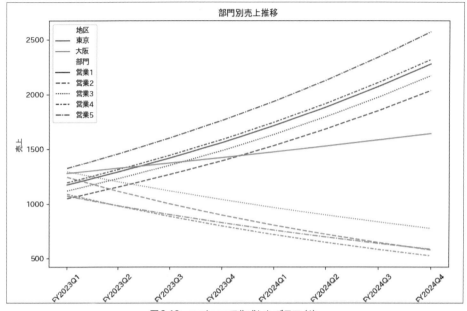

**図3.13**　seabornで作成したグラフ (1)

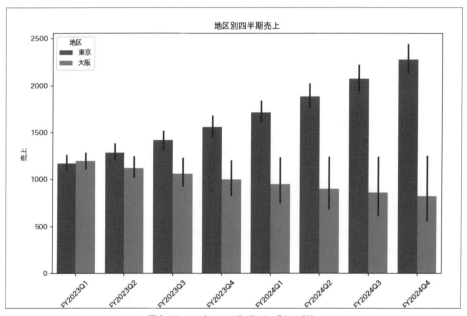

**図3.14**　seabornで作成したグラフ (2)

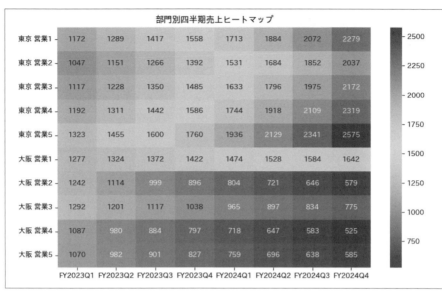

**図3.15　seabornで作成したグラフ (3)**

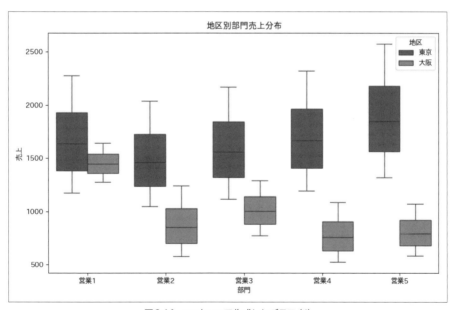

**図3.16　seabornで作成したグラフ (4)**

どれも売り上げに関しての分析に効果的なグラフになっていることがわかります。

次に、表示した図を他のスタッフと共有もできるように、ファイルとして保存する方法についても試してみましょう。

ChatGPTに以下のプロンプトを送信し、グラフを表示するのではなく、ファイルとして保存する

ように修正してもらいます。また、「以下の」としましたがChatGPTでは「次の」でもたいていは同じ意味になります。

● **Your prompt**

以下のスクリプトを、グラフをファイルとして保存するように修正してください。
ファイルは3_3_3_2というフォルダに出力するようにしてください。

ここには3_3_3/main_b.pyのスクリプト

すると、以下の応答が得られました。
先のスクリプトを利用したので、ファイルパスなど、必要事項がそのまま使われています。

● **ChatGPT response**

以下のように、各グラフを表示するのではなく、指定されたフォルダに保存するように修正しました。出力先のフォルダが存在しない場合は作成するようにしています。

**sample** `3_3_3_2/main.py`

```python
import pandas as pd
import seaborn as sns
import matplotlib.pyplot as plt
import japanize_matplotlib   # この1行を追加
import os   # osモジュールをインポート

# Excelファイルのパス
file_path = 'data/sample_sales_data2.xlsx'

# Excelファイルを読み込む
df = pd.read_excel(file_path)

# 長い形式のデータフレームに変換
df_melted = df.melt(id_vars=['地区', '部門'], var_name='四半期', value_name='売上')

# 出力先フォルダのパス
output_folder = '3_3_3_2'

# 出力先フォルダが存在しない場合は作成
if not os.path.exists(output_folder):
    os.makedirs(output_folder)
```

```python
# 折れ線グラフ
plt.figure(figsize=(10, 6))
sns.lineplot(data=df_melted, x='四半期', y='売上', hue='地区', style='部門')
plt.xticks(rotation=45)
plt.title('部門別売上推移')
plt.savefig(f'{output_folder}/部門別売上推移.png')  # グラフをファイルに保存
plt.close()  # プロットを閉じる

# 棒グラフ
plt.figure(figsize=(10, 6))
sns.barplot(data=df_melted, x='四半期', y='売上', hue='地区')
plt.xticks(rotation=45)
plt.title('地区別四半期売上')
plt.savefig(f'{output_folder}/地区別四半期売上.png')  # グラフをファイルに保存
plt.close()  # プロットを閉じる

# ヒートマップ
plt.figure(figsize=(10, 6))
heatmap_data = df.drop(['地区', '部門'], axis=1).set_index(df['地区'] + ' ' + df['部門'])
sns.heatmap(heatmap_data, annot=True, fmt='d', cmap='coolwarm')
plt.title('部門別四半期売上ヒートマップ')
plt.savefig(f'{output_folder}/部門別四半期売上ヒートマップ.png')  # グラフをファイルに保存
plt.close()  # プロットを閉じる

# 箱ひげ図
plt.figure(figsize=(10, 6))
sns.boxplot(data=df_melted, x='部門', y='売上', hue='地区')
plt.title('地区別部門売上分布')
plt.savefig(f'{output_folder}/地区別部門売上分布.png')  # グラフをファイルに保存
plt.close()  # プロットを閉じる
```

ここまで　3_3_3_2/main.py

このスクリプトを実行すると、各グラフが 3_3_3_2 フォルダにそれぞれ異なるファイル名で保存されます。

では、こちらのスクリプトを使用してみましょう。Visual Studio Codeを開き、3_3_3_2というフォルダを作成し、その中にmain.pyというファイルを作成してください。そして、上記のChatGPTのスクリプトをmain.pyに貼り付けてください。

そして、ターミナルに以下のコマンドを記入し、Pythonスクリプトを実行します。

```
python 3_3_3_2/main.py
```

実行すると、3_3_3_2というフォルダの中にそれぞれの図が上から「部門別売上推移 .png」「地区別四半期売上 .png」「部門別四半期売上ヒートマップ .png」「地区別部門売上分布 .png」というファイル名で保存されているのが確認できます。

今回作成したスクリプトは、「地区」「部門」というカラム名の制限はありますが、データが追加されても何度でも使用することができます。

そこで、sample_sales_data2.xlsxのデータを二四半期分増やしたsample_sales_data3.xlsxというファイルを用意しました（xページ参照）。

| | A | B | C | D | E | F | G | H | I | J | K | L | M |
|---|---|---|---|---|---|---|---|---|---|---|---|---|---|
| 1 | 地区 | 部門 | FY2023Q1 | FY2023Q2 | FY2023Q3 | FY2023Q4 | FY2024Q1 | FY2024Q2 | FY2024Q3 | FY2024Q4 | FY2025Q1 | FY2025Q2 | |
| 2 | 東京 | 営業1 | 1172 | 1289 | 1417 | 1558 | 1713 | 1884 | 2072 | 2279 | 2458 | 2647 | |
| 3 | 東京 | 営業2 | 1047 | 1151 | 1266 | 1392 | 1531 | 1684 | 1852 | 2037 | 2197 | 2366 | |
| 4 | 東京 | 営業3 | 1117 | 1228 | 1350 | 1485 | 1633 | 1796 | 1975 | 2172 | 2343 | 2522 | |
| 5 | 東京 | 営業4 | 1192 | 1311 | 1442 | 1586 | 1744 | 1918 | 2109 | 2319 | 2501 | 2693 | |
| 6 | 東京 | 営業5 | 1323 | 1455 | 1600 | 1760 | 1936 | 2129 | 2341 | 2575 | 2777 | 2990 | |
| 7 | 大阪 | 営業1 | 1277 | 1324 | 1372 | 1422 | 1474 | 1528 | 1584 | 1642 | 1697 | 1753 | |
| 8 | 大阪 | 営業2 | 1242 | 1114 | 999 | 896 | 804 | 721 | 646 | 579 | 500 | 425 | |
| 9 | 大阪 | 営業3 | 1292 | 1201 | 1117 | 1038 | 965 | 897 | 834 | 775 | 709 | 646 | |
| 10 | 大阪 | 営業4 | 1087 | 980 | 884 | 797 | 718 | 647 | 583 | 525 | 457 | 393 | |
| 11 | 大阪 | 営業5 | 1070 | 982 | 901 | 827 | 759 | 696 | 638 | 585 | 524 | 466 | |
| 12 | | | | | | | | | | | | | |
| 13 | | | | | | | | | | | | | |
| 14 | | | | | | | | | | | | | |
| 15 | | | | | | | | | | | | | |
| 16 | | | | | | | | | | | | | |
| 17 | | | | | | | | | | | | | |
| 18 | | | | | | | | | | | | | |
| 19 | | | | | | | | | | | | | |

Sheet1 +

**図3.17　期間が増えたデータ**

こちらのファイルを使用して、3_3_3_2/main.pyのスクリプトを実行してみましょう。

比較できるように、3_3_3_3というフォルダを新規で作成し、main.pyというファイルを作成し、3_3_3_2/main.pyのスクリプトを貼り付けます。そして、file_pathとoutput_folderを以下のように修正します。今回は出力されるファイルを比較するためにスクリプトを修正していますが、実際の業務では比較の必要はないのでスクリプトの更新は必要ないと思われます。

```
# Excel ファイルのパス
file_path = 'data/sample_sales_data3.xlsx'   ◀·········· ファイルパスを修正
```

```
# 出力先フォルダのパス
output_folder = '3_3_3_3'   ◀·········· ファイルパスを修正
```

ではターミナルに以下のコマンドを記入し、Python スクリプトを実行します。

```
python 3_3_3_3/main.py
```

実行が完了すると、4つの画像が指定したフォルダ内に作成されると思います。

正しく処理が行われているか確認してみましょう。

4つの画像のうちの1つを並べて確認してみます。左の画像がsample_sales_data2.xlsxのデータを元に作成した図で、右の画像がsample_sales_data3.xlsxのデータを元に作成した図です。データが追加されても正しく処理が行われていることが確認できました。

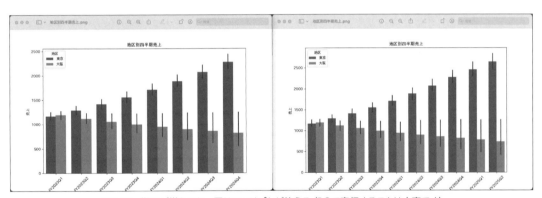

**図3.18** 期間が増えても、同じスクリプトが使える（PCで実行することは大事です）

このように、定期的に使用するスクリプトなどは、データに更新が加えられた場合でも問題なく動作することが求められます。プログラミングを学習して間もない方では柔軟性の高いプログラムを書くことはとても難易度が高いように感じると思いますが、このような作業もAI駆動開発を活用することで簡単に実現できます。

MatplotlibライブラリやSeabornライブラリを用いたグラフ作成スキルは、定期的なミーティングの資料準備から、様々なビジネスシーンにおいて役立つ技術です。これらのツールにより作成されるグラフは、データを明瞭に伝達し、議論をより豊かなものにするための強力な手段となります。

この項では、ビジネスシーンにおいて定期的なミーティング資料の作成やデータの集計、視覚的な

分析が重要であることについて話し合いました。また、pandas ライブラリを使用してデータ処理を自動化する方法についても説明しました。具体的には、サンプルデータを使用して部門ごとの売り上げの合計を集計し、Excel ファイルに出力するサンプルコードを作成しました。これにより、定例ミーティング用の資料作成を自動化し、時間を節約することができます。

## 3.4 実習 2：業務報告の自動化・Excelデータから自動でレポート作成

業務報告は、ほとんどの企業や組織にとって定期的に必要とされる重要なプロセスです。これらの報告書を作成するには、データの収集から始まり、その分析、そしてプレゼンテーション資料の作成に至るまで、多くのステップを踏む必要があります。ChatGPT と Python を活用することで、Excel データからの自動レポート作成が容易となり、従来手作業で行っていた複雑な作業を大幅に効率化できます。

3.3 節で学んだ通り、データの収集とグラフの作成を終えた後には、これらの成果を統合して、Word や PDF 形式でのレポートを作成することが最後のステップです。Python は、レポートの自動化作業においても非常に有効なツールであり、特に Word や PDF ファイルへの出力をスムーズに行うことができます。この節では、Python-docx ライブラリや reportlab ライブラリを活用し、フォーマットに沿ったレポートを自動で生成する方法について詳しく学びます。

### 3.4.1　reportlab での PDF レポート作成

3.3.3 項ですでに Excel のデータから様々なグラフを作成することができているので、3.3.3 項で作成したコードを添付し、そのコードを再利用してもらうようプロンプトを作成してみましょう。以下のプロンプトを使用します。

● **Your prompt**
現在、以下のように data/sample_sales_data2.xlsx というファイルからいくつかのグラフを作成するスクリプトを作成しました。

> ここには 3_3_3/main_b.py のスクリプト

こちらのコードを参考に、reportlab ライブラリを使用してグラフを含む PDF を作成するためのサンプルコードを作成してください。

以下の応答が得られました。冒頭でプロンプトを理解したことがわかります。

● **ChatGPT response** ·····································································································

`reportlab` ライブラリを使用して、グラフを含む PDF を作成するサンプルコードは以下のようになります。このコードは、上記のグラフを生成し、それらを PDF ファイルに保存する方法を示しています。

**sample** `3_4_1/main.py`

```python
import pandas as pd
import seaborn as sns
import matplotlib.pyplot as plt
import japanize_matplotlib
from reportlab.pdfgen import canvas
from reportlab.lib.pagesizes import A4
from io import BytesIO
from matplotlib.backends.backend_pdf import PdfPages

# Excelファイルのパス
file_path = 'data/sample_sales_data2.xlsx'

# Excelファイルを読み込む
df = pd.read_excel(file_path)

# 長い形式のデータフレームに変換
df_melted = df.melt(id_vars=['地区', '部門'], var_name='四半期', value_name='売上')

# PDFファイルのパス
pdf_path = 'output/sales_report.pdf'        ◀···········  ここを修正する

# PDFファイルを作成
with PdfPages(pdf_path) as pdf:
    # 折れ線グラフ
    plt.figure(figsize=(10, 6))
    sns.lineplot(data=df_melted, x='四半期', y='売上', hue='地区', style='部門')
    plt.xticks(rotation=45)
    plt.title('部門別売上推移')
    pdf.savefig()   # グラフをPDFに追加
    plt.close()

    # 棒グラフ
    plt.figure(figsize=(10, 6))
    sns.barplot(data=df_melted, x='四半期', y='売上', hue='地区')
    plt.xticks(rotation=45)
```

```
plt.title('地区別四半期売上')
pdf.savefig()   # グラフをPDFに追加
plt.close()


# ヒートマップ
plt.figure(figsize=(10, 6))
 heatmap_data = df.drop(['地区', '部門'], axis=1).set_index(df['地区'] + ' ' +
df['部門'])
sns.heatmap(heatmap_data, annot=True, fmt='d', cmap='coolwarm')
plt.title('部門別四半期売上ヒートマップ')
pdf.savefig()   # グラフをPDFに追加
plt.close()


# 箱ひげ図
plt.figure(figsize=(10, 6))
sns.boxplot(data=df_melted, x='部門', y='売上', hue='地区')
plt.title('地区別部門売上分布')
pdf.savefig()   # グラフをPDFに追加
plt.close()
```

ここまで　3_4_1/main.py

このコードでは、PdfPagesオブジェクトを使用してPDFファイルを作成し、各グラフをPDFに追加しています。pdf.savefig()メソッドを使用して、現在のmatplotlibの図をPDFファイルに保存しています。最後に、plt.close()を使用して、図を閉じてリソースを解放しています。

こちらの応答を参考に、グラフからPDFを作成するスクリプトを作っていこうと思います。
　Visual Studio Codeを開き、3_4_1というフォルダを作成し、その中にmain.pyというファイルを作成してください。そして、上記のChatGPTのスクリプトをmain.pyに貼り付けます。
　ChatGPTが気を効かせてPDFファイルのパスをoutput/sales_report.pdfとしていますが、スクリプトを作成したフォルダと同じ場所に出力したいので3_4_1/sales_report.pdfとします。
　スクリプトを実行する前に、ターミナルで以下のコマンドを実行し、reportlabライブラリをインストールします（--upgradeオプションを使用すると更新されます）。

```
pip install reportlab
```

インストールが完了したらスクリプトを実行してみましょう。
　ターミナルに以下のコマンドを入力し、Pythonスクリプトを実行します。

```
python 3_4_1/main.py
```

　出力されたファイルを確認すると、グラフがしっかりPDFとして表示されていることがわかります。1ファイルに4つのグラフが、縦に並んで入っています。

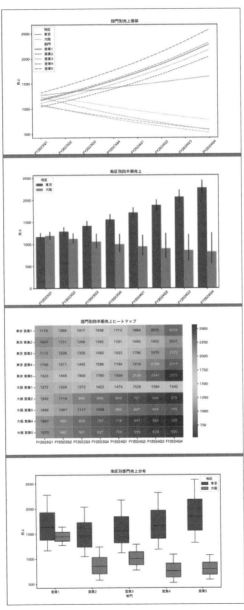

**図3.17　グラフを1つのPDFファイルにした**

　これでグラフからPDFを作成するためのスクリプトもChatGPTを使用して作成することができました。

## 3.4.2　Python-docxでのWordレポート作成

　次はpython-docxライブラリを使って、データやグラフを含むWord文書の自動生成方法を試してみましょう。先ほどと同じように、先ほど作成したスクリプト（3_4_1/main.py）を添付し、そのコードを元にドキュメントを作成する方法について質問してみましょう。

　プロンプトは以下になります。

● **Your prompt**
現在、以下のようにdata/sample_sales_data2.xlsxというファイルからいくつかのグラフを作成するスクリプトを作成しました。

> ここには3_4_1/main.pyのスクリプト

こちらのコードを参考に、python-docxライブラリを使用してグラフを含む報告書を作成するためのサンプルコードを作成してください。

　以下の応答が得られました。長めのスクリプトですが、Word文書のファイル名をそれらしい「sales_report.docx」に指定しています。

● **ChatGPT response** ........................................................
以下は、`python-docx`ライブラリを使用してグラフを含む報告書を作成するためのサンプルコードです。このコードでは、上記のグラフを生成し、それらをWord文書に挿入しています。

💡**sample**　3_4_2/main.py

```python
import pandas as pd
import seaborn as sns
import matplotlib.pyplot as plt
import japanize_matplotlib
from docx import Document
from docx.shared import Inches
import tempfile
import os

# Excelファイルのパス
file_path = 'data/sample_sales_data2.xlsx'
```

```python
# Excelファイルを読み込む
df = pd.read_excel(file_path)

# 長い形式のデータフレームに変換
df_melted = df.melt(id_vars=['地区', '部門'], var_name='四半期', value_name='売上')

# Word文書を作成
doc = Document()

# タイトルを追加
doc.add_heading('売上報告書', 0)

# 折れ線グラフ
plt.figure(figsize=(10, 6))
sns.lineplot(data=df_melted, x='四半期', y='売上', hue='地区', style='部門')
plt.xticks(rotation=45)
plt.title('部門別売上推移')
plt.savefig('line_chart.png')
plt.close()

# Word文書に折れ線グラフを追加
doc.add_heading('部門別売上推移', level=1)
doc.add_picture('line_chart.png', width=Inches(6))

# 棒グラフ
plt.figure(figsize=(10, 6))
sns.barplot(data=df_melted, x='四半期', y='売上', hue='地区')
plt.xticks(rotation=45)
plt.title('地区別四半期売上')
plt.savefig('bar_chart.png')
plt.close()

# Word文書に棒グラフを追加
doc.add_heading('地区別四半期売上', level=1)
doc.add_picture('bar_chart.png', width=Inches(6))

# ヒートマップ
plt.figure(figsize=(10, 6))
heatmap_data = df.drop(['地区', '部門'], axis=1).set_index(df['地区'] + ' ' + df['部
```

```
門'])
sns.heatmap(heatmap_data, annot=True, fmt='d', cmap='coolwarm')
plt.title('部門別四半期売上ヒートマップ')
plt.savefig('heatmap.png')
plt.close()

# Word文書にヒートマップを追加
doc.add_heading('部門別四半期売上ヒートマップ', level=1)
doc.add_picture('heatmap.png', width=Inches(6))

# 箱ひげ図
plt.figure(figsize=(10, 6))
sns.boxplot(data=df_melted, x='部門', y='売上', hue='地区')
plt.title('地区別部門売上分布')
plt.savefig('boxplot.png')
plt.close()

# Word文書に箱ひげ図を追加
doc.add_heading('地区別部門売上分布', level=1)
doc.add_picture('boxplot.png', width=Inches(6))

# Word文書を保存
doc.save('sales_report.docx')    ◀┄┄┄┄┄ [ここを修正する]

# 一時ファイルを削除
os.remove('line_chart.png')
os.remove('bar_chart.png')
os.remove('heatmap.png')
os.remove('boxplot.png')
```

[ここまで　3_4_2/main.py]

このコードは、まずグラフを生成し、それらをPNGファイルとして保存します。次に、python-docxを使用してWord文書を作成し、各グラフのタイトルとともにこれらの画像を文書に挿入します。最後に、文書を保存し、一時的に作成された画像ファイルを削除します。

🔊 📋 ☒ ┄┄┄┄┄┄┄┄┄┄┄┄┄┄┄┄┄┄┄┄┄┄┄┄┄┄┄┄┄┄┄┄┄┄┄┄┄┄┄┄┄┄┄┄┄┄┄┄┄┄┄┄┄┄┄┄┄

　こちらの応答を参考に、グラフからWord文書を作成するスクリプトを作っていこうと思います。Visual Studio Codeを開き、3_4_2というフォルダを作成し、その中にmain.pyというファイルを作成してください。

そして、上記のChatGPTのスクリプトをmain.pyに貼り付けます。ファイルの出力先のパスだけ以下のように修正しましょう。

```
# Word文書を保存
doc.save('3_4_2/sales_report.docx')  ◀┈┈┈┈┈ ファイルパスを修正
```

スクリプトを実行する前に、ターミナルで以下のコマンドを実行し、Pythonにpython-docxライブラリをインストールしておきます（--upgradeオプションを使用すると更新されます）。

```
pip install python-docx
```

インストールが完了したらスクリプトを実行してみましょう。
ターミナルに以下のコマンドを記入し、Pythonスクリプトを実行します。

```
python 3_4_2/main.py
```

出力されたファイルを確認すると、グラフが添付されたWord文書が作成されていることが確認できました。

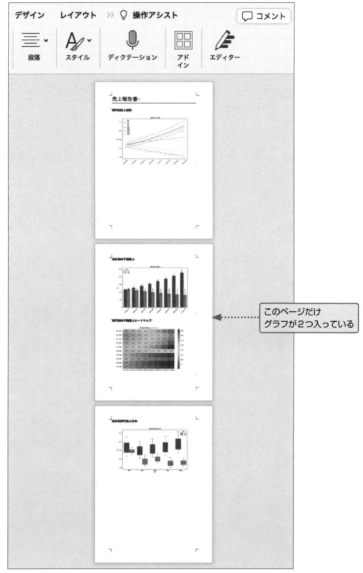

**図3.20**　Wordファイルが作成された (2ページ目は、次のスクリプトで改良する)

　このファイルには、複数のグラフが含まれているページがあります。そのため、見やすさを考慮して、1ページに1つのグラフだけを含めるように調整してみましょう。

　以下のプロンプトをChatGPTに送信します。

● **Your prompt**

以下のスクリプトを、1ページに1つのグラフだけを含めるように修正してください。

> ここには3_4_2/main.pyのスクリプト

すると、以下の応答が得られました。doc.add_page_break() を使用するとのことです。

● **ChatGPT response**

以下のスクリプトは、1ページに1つのグラフだけを含むように修正されています。各グラフを追加した後、doc.add_page_break() を使用して新しいページを開始します。

**sample** `3_4_2_2/main.py`

```python
import pandas as pd
import seaborn as sns
import matplotlib.pyplot as plt
import japanize_matplotlib
from docx import Document
from docx.shared import Inches
import tempfile
import os

# Excelファイルのパス
file_path = 'data/sample_sales_data2.xlsx'

# Excelファイルを読み込む
df = pd.read_excel(file_path)

# 長い形式のデータフレームに変換
df_melted = df.melt(id_vars=['地区', '部門'], var_name='四半期', value_name='売上')

# Word文書を作成
doc = Document()

# タイトルを追加
doc.add_heading('売上報告書', 0)

# 折れ線グラフ
plt.figure(figsize=(10, 6))
sns.lineplot(data=df_melted, x='四半期', y='売上', hue='地区', style='部門')
```

83

```python
plt.xticks(rotation=45)
plt.title('部門別売上推移')
plt.savefig('line_chart.png')
plt.close()

# Word文書に折れ線グラフを追加
doc.add_heading('部門別売上推移', level=1)
doc.add_picture('line_chart.png', width=Inches(6))
doc.add_page_break()  # 新しいページを開始

# 棒グラフ
plt.figure(figsize=(10, 6))
sns.barplot(data=df_melted, x='四半期', y='売上', hue='地区')
plt.xticks(rotation=45)
plt.title('地区別四半期売上')
plt.savefig('bar_chart.png')
plt.close()

# Word文書に棒グラフを追加
doc.add_heading('地区別四半期売上', level=1)
doc.add_picture('bar_chart.png', width=Inches(6))
doc.add_page_break()  # 新しいページを開始    ◀┈┈┈┈ ここがポイント

# ヒートマップ
plt.figure(figsize=(10, 6))
heatmap_data = df.drop(['地区', '部門'], axis=1).set_index(df['地区'] + ' ' + df['部門'])
sns.heatmap(heatmap_data, annot=True, fmt='d', cmap='coolwarm')
plt.title('部門別四半期売上ヒートマップ')
plt.savefig('heatmap.png')
plt.close()

# Word文書にヒートマップを追加
doc.add_heading('部門別四半期売上ヒートマップ', level=1)
doc.add_picture('heatmap.png', width=Inches(6))
doc.add_page_break()  # 新しいページを開始

# 箱ひげ図
plt.figure(figsize=(10, 6))
sns.boxplot(data=df_melted, x='部門', y='売上', hue='地区')
```

```
plt.title('地区別部門売上分布')
plt.savefig('boxplot.png')
plt.close()

# Word文書に箱ひげ図を追加
doc.add_heading('地区別部門売上分布', level=1)
doc.add_picture('boxplot.png', width=Inches(6))
# 最後のグラフなので、新しいページは追加しない

# Word文書を保存
doc.save('sales_report.docx')    ◀┈┈┈┈┈ ここを修正する

# 一時ファイルを削除
os.remove('line_chart.png')
os.remove('bar_chart.png')
os.remove('heatmap.png')
os.remove('boxplot.png')
```

ここまで  3_4_2_2/main.py

🔊 📋 ⊠ ┈┈┈┈┈┈┈┈┈┈┈┈┈┈┈┈┈┈┈┈┈┈┈┈┈┈┈┈┈┈┈┈┈┈┈

　では、こちらのスクリプトを使用してみましょう。Visual Studio Codeを開き、3_4_2_2というフォルダを作成し、その中にmain.pyというファイルを作成してください。そして、上記のChatGPTのスクリプトをmain.pyに貼り付けてください。ファイルの出力先は以下のように修正しましょう。

```
# Word文書を保存
doc.save('3_4_2_2/sales_report.docx')    ◀┈┈┈┈┈ ファイルパスを修正
```

　そして、ターミナルに以下のコマンドを入力し、Pythonスクリプトを実行します。

```
python 3_4_2_2/main.py
```

　出力されたファイルを確認すると、グラフが1ページに1つずつになったWord文書が作成されていることが確認できました。

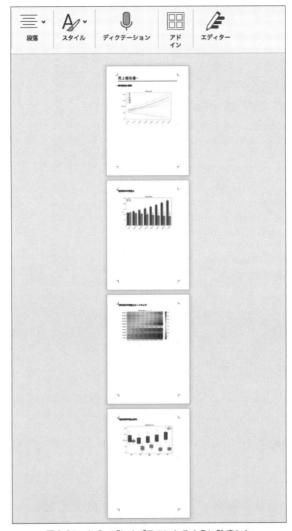

**図3.21　1ページに1グラフになるように改良した**

　この章では、業務報告の自動化について学びました。Pythonを使用してExcelデータから自動的にレポートを作成する方法や、Python-docxライブラリを使用してグラフを含むWord文書を自動生成する方法について学びました。これにより、従来の手作業による作業を効率化し、作業時間を大幅に削減することができます。また、サンプルコードを提供し、それを参考に実際にスクリプトを作成する手順も学びました。

　この自動化の手法は、企業や組織にとって重要なプロセスである業務報告を効率化するための有用なツールです。Pythonの豊富なライブラリを活用することで、データの収集から分析、プレゼンテーション資料の作成までの多くのステップを自動化することができます。これにより、報告書の作成時間を大幅に削減し、より効果的な業務報告を行うことができます。

# 章間記事①　Excelシートのレイアウトを　カスタマイズしてみよう

　Excelはビジネスで広く使われているツールであり、データの整理、分析、報告に欠かせません。しかし、効果的なデータ管理のためには、ただデータを記入するだけでなく、見やすく整理されたレイアウトが重要です。整理されたレイアウトは、データの理解を深め、意思決定を支援します。

　しかし、多くの人はExcelのカスタマイズ機能を十分に活用していないため、データの見た目が地味であったり、情報が見つけにくかったりすることがあります。この記事では、Excelシートのレイアウトをカスタマイズする方法をいくつか紹介します。これらの方法を使えば、データをより効果的に表示し、分析を容易にすることができます。

　特に、Pythonのopenpyxlライブラリを使用して、スクリプトでExcelシートのレイアウトをカスタマイズする方法を解説します。openpyxlを使えば、Excelファイルを読み込み、セルの書式を設定したり、条件付き書式を適用したり、表のスタイルを変更したりすることができます。これにより、手動で行うよりも効率的に、かつ一貫性のあるレイアウトを作成することが可能になります。

　それでは、具体的なカスタマイズ方法とその実装例を見ていきましょう。

## フォントサイズの変更

　Excelシートの見た目を整えるためには、セルの書式設定が欠かせません。セルの書式設定には、フォントサイズや色、背景色、境界線のスタイルなどが含まれます。openpyxlライブラリを使用すると、これらの設定をスクリプトで簡単に行うことができます。

　例えば、タイトル行や見出し行のフォントサイズを大きくしたり、重要なデータを強調するために背景色を変更したりすることができます。また、データの区切りを明確にするために境界線を追加することもできます。

　これらの設定を適切に行うことで、データが一目でわかりやすくなり、読み手の理解を助けることができます。さらに、一貫したスタイルを適用することで、プロフェッショナルな印象を与えることができます。

　このページでは、サンプルデータとして、dataフォルダにあるsample_sales_data.xlsxを使用していきます。

図3.22 サンプルデータ (sample_sales_data.xlsx)

　以下に、ChatGPTを使用してExcelファイルの1行目の文字の大きさを変更するためのスクリプトを作成する具体的な例を示します。

　ChatGPTに以下のプロンプトを送信します。

● **Your prompt**

data/sample_sales_data.xlsxに配置してあるExcelファイルの1行目のフォントサイズを14に変更するためのスクリプトを作成してください。

ファイルの保存場所は
'章間記事①/セルの書式設定/sample_sales_data_modified.xlsx'としてください。
スクリプトのコメントや応答は日本語で行ってください。

以下の応答が得られました。冒頭を読むと、プロンプトの理解やライブラリの利用がわかります。

● **ChatGPT response**

以下は、指定されたExcelファイルの1行目のフォントサイズを14に変更し、変更後のファイルを指定された場所に保存するためのPythonスクリプトです。このスクリプトではopenpyxlライブラリを使用しています。まだインストールしていない場合は、pip install openpyxl を実行してインストールしてください。

📁 sample | 章間記事①/セルの書式設定/main.py

```
import openpyxl

# Excelファイルを開く
wb = openpyxl.load_workbook('data/sample_sales_data.xlsx')
```

```
# アクティブなシートを選択
ws = wb.active

# 1行目のすべてのセルのフォントサイズを14に変更   ◀┄┄┄┄┄ ここでフォントサイズを変更している
for cell in ws[1]:
    cell.font = openpyxl.styles.Font(size=14)

# 変更したファイルを新しい場所に保存
wb.save('章間記事① / セルの書式設定 /sample_sales_data_modified.xlsx')
```
ここまで　章間記事① / セルの書式設定 /main.py

このスクリプトは、data/sample_sales_data.xlsx からExcelファイルを読み込み、アクティブなシートの1行目のすべてのセルのフォントサイズを14に変更した後、変更を加えたファイルを　章間記事① / セルの書式設定 /sample_sales_data_modified.xlsx に保存します。

python-ai-programmingフォルダの中に章間記事① / セルの書式設定 /main.pyというパスでファイルを作成し、上記のChatGPTのスクリプトをmain.pyに貼り付けます。

以下のコマンドでスクリプトを実行します。

python章間記事① / セルの書式設定 /main.py

こちらのスクリプトを実行した結果、以下のファイルが作成されました。

確認すると、1行目のフォントサイズが14に変更されていることがわかります。

| | A | B | C | D | E | F |
|---|---|---|---|---|---|---|
| 1 | 商品名 | カテゴリ | 価格 | 税率 | 販売数 | |
| 2 | りんご | 果物 | 100 | 0.08 | 50 | |
| 3 | みかん | 果物 | 50 | 0.08 | 80 | |
| 4 | バナナ | 果物 | 120 | 0.08 | 60 | |
| 5 | 牛乳 | 飲料 | 200 | 0.1 | 40 | |
| 6 | パン | パン類 | 150 | 0.08 | 70 | |
| 7 | チョコレート | お菓子 | 300 | 0.1 | 30 | |
| 8 | ジュース | 飲料 | 100 | 0.1 | 90 | |
| 9 | お茶 | 飲料 | 80 | 0.1 | 100 | |
| 10 | コーヒー | 飲料 | 150 | 0.1 | 60 | |
| 11 | ヨーグルト | 乳製品 | 180 | 0.1 | 50 | |
| 12 | | | | | | |

図3.23　1行目のフォントサイズを変更した

# 色の変更

　次に、セルの背景色を変更する方法を見ていきましょう。これは、特定のセルや行、列を強調したい場合に便利です。背景色を変更することで、データが一目で理解しやすくなります。

　Excel ファイルの1行目の背景色を変更するため、以下のプロンプトを送信します。

● **Your prompt**
"data/sample_sales_data.xlsx" に配置してあるExcelファイルの「A1:E1」の背景色を黄色に変更するためのスクリプトを作成してください。

ファイルの保存場所は章間記事①/色の変更/sample_sales_data_modified.xlsxとしてください。
スクリプトのコメントや応答は日本語で行ってください。

　以下の応答が得られました。今回もライブラリに言及しています。また、黄色は16進数で「FFFF00」としています。

● **ChatGPT response**
　以下のスクリプトは、指定されたExcelファイルの「A1:E1」のセルの背景色を黄色に変更し、変更後のファイルを指定された場所に保存します。

**sample** 章間記事①/色の変更/main.py

```python
import openpyxl
from openpyxl.styles import PatternFill

# Excel ファイルを開く
wb = openpyxl.load_workbook('data/sample_sales_data.xlsx')

# アクティブなシートを取得
sheet = wb.active

# 黄色の塗りつぶしスタイルを作成    ◀……… ここで塗りつぶしのスタイル（色）を設定
yellow_fill = PatternFill(start_color='FFFF00', end_color='FFFF00', fill_type='solid')

# A1:E1のセルの背景色を黄色に変更    ◀……… ここで背景色を設定
for row in sheet['A1:E1']:
    for cell in row:
        cell.fill = yellow_fill
```

```
# 変更したファイルを保存
wb.save('章間記事① / 色の変更 /sample_sales_data_modified.xlsx')
```
ここまで　**章間記事① / 色の変更 /main.py**

このスクリプトを実行する前に、openpyxl ライブラリがインストールされていることを確認してください。インストールされていない場合は、次のコマンドを使用してインストールできます。

```
pip install openpyxl
```

スクリプトを実行すると、指定された範囲のセルの背景色が黄色に変更され、変更されたファイルが指定された場所に保存されます。

🔊 📋 ⊠ ⋯⋯⋯⋯⋯⋯⋯⋯⋯⋯⋯⋯⋯⋯⋯⋯⋯⋯⋯⋯⋯⋯⋯⋯⋯⋯⋯⋯⋯⋯⋯⋯⋯⋯⋯

python-ai-programming フォルダの中に章間記事① / 色の変更 /main.py というパスでファイルを作成し、上記の ChatGPT のスクリプトを main.py に貼り付けます。

以下のコマンドでスクリプトを実行します。

```
python 章間記事① / 色の変更 /main.py
```

こちらのスクリプトを実行した結果、以下のファイルが作成されました。

| | A | B | C | D | E | F |
|---|---|---|---|---|---|---|
| 1 | 商品名 | カテゴリ | 価格 | 税率 | 販売数 | |
| 2 | りんご | 果物 | 100 | 0.08 | 50 | |
| 3 | みかん | 果物 | 50 | 0.08 | 80 | |
| 4 | バナナ | 果物 | 120 | 0.08 | 60 | |
| 5 | 牛乳 | 飲料 | 200 | 0.1 | 40 | |
| 6 | パン | パン類 | 150 | 0.08 | 70 | |
| 7 | チョコレート | お菓子 | 300 | 0.1 | 30 | |
| 8 | ジュース | 飲料 | 100 | 0.1 | 90 | |
| 9 | お茶 | 飲料 | 80 | 0.1 | 100 | |
| 10 | コーヒー | 飲料 | 150 | 0.1 | 60 | |
| 11 | ヨーグルト | 乳製品 | 180 | 0.1 | 50 | |
| 12 | | | | | | |

図3.24　1行目のセルの背景の色を変更した

確認すると、1行目の A1 から E1 のセルの背景色が黄色に変更されていることがわかります。

この章間記事では、Python の openpyxl ライブラリを使って、Excel シートのレイアウトをカスタマイズする方法を学びました。これらのスクリプトは、データの視覚的な表示を改善し、分析を容易にするための有用な手段となります。

# データ分析とグラフ化で誰でも
# データサイエンティストに！

## 公開統計データの活用法を身につけて
## データサイエンティストへの第一歩を
## 踏み出そう

第4章では、データ分析の技術を活用して公開されている統計データを活用する方法を学んでいきます。この章を通じて、データサイエンスの領域に一歩踏み入れ、Pythonを使用したデータ分析の基礎を学ぶことができます。

公開データを活用した分析は、ビジネス上の意思決定を裏付けるための有効な手法です。公開統計データにアクセスすることで、データに基づいた意思決定が可能になります。

　本章では、総務省統計局が提供するSSDSE（教育用標準データセット）｜独立行政法人　統計センター（https://www.nstac.go.jp/use/literacy/ssdse/）のデータセットを使用し、より具体的なデータを使用してグラフを作成する方法を学習します。

　ここでのデータソースは次ページのものを使用します。今後、同ファイル内容やファイル名は更新される場合も考えられます。

# 4.1 公開統計データの有効活用：データ分析の基本から応用まで

　まず、公開統計データとは、政府や国際機関が提供する、一般にアクセス可能なデータセットのことを指します。

　これらのデータは信頼性が高く、多様な分野にわたる貴重な情報源です。Pythonを活用することで、これらのデータセットの潜在的な価値を引き出し、分析や予測に役立てることができます。

　統計データの利点：

　　1. 信頼性の高い情報源から得られる。
　　2. 分析や予測に必要な多種多様なデータが得られる。
　　3. 社会的、経済的なトレンドを理解する基盤となる。

　この節では、今までの復習として、もう一度、データの読み込みから簡単な処理、そしてレポートの作成までを行ってみましょう。

## 4.1.1　ステップ1：データファイルの読み込み

　まずは、Excelファイルをpandasを使って読み込みます。これにより、分析のためにDataFrameにデータを格納します。

　ChatGPTにSSDSE-A-2023.xlsx（xページ参照）をアップロードし、以下のプロンプトをChatGPTに送信してみます。

SSDSE-A-2023.xlsは、様々な分野の市区町村別データを集めたデータセットです（1741市区町村×多分野125項目）。

SSDSE-B-2023.xlsxは、様々な分野の都道府県別・時系列データを集めたデータセットです（47都道府県×12年次×多分野109項目）。

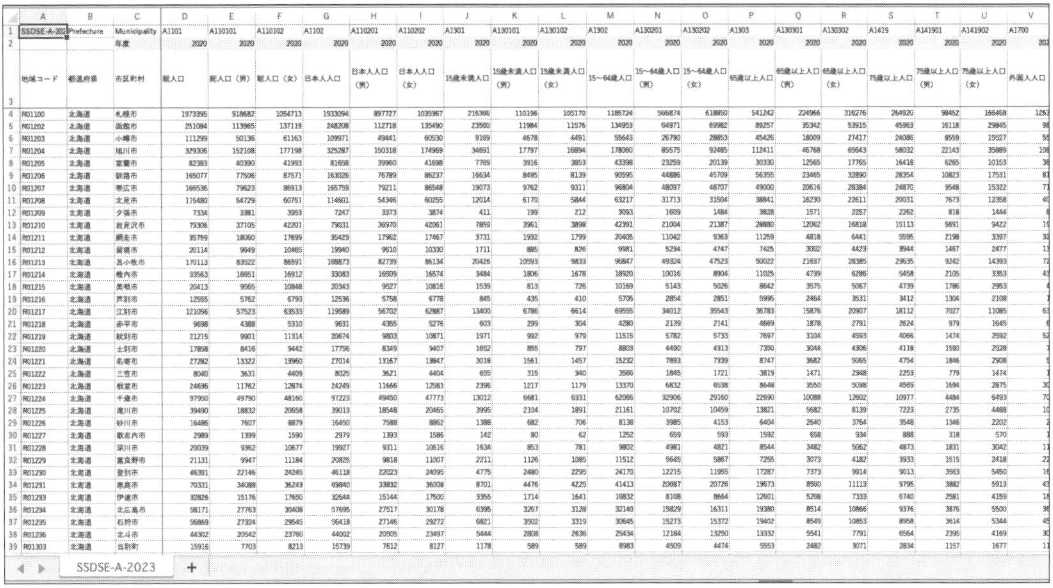

| | A | B | C | D | E | F | G | H | I | J | K | L | M | N | O | P | Q | R | S | T | U | V |
|---|---|---|---|---|---|---|---|---|---|---|---|---|---|---|---|---|---|---|---|---|---|---|
| 1 | SSDSE-A-202 | Prefecture | Municipality | A1101 | A130101 | A110102 | A1102 | A110201 | A110202 | A1301 | A130101 | A130102 | A1302 | A130201 | A130202 | A1303 | A130301 | A130302 | A1419 | A141901 | A141902 | A1700 |
| 2 | 年度 | | | 2020 | 2020 | 2020 | 2020 | 2020 | 2020 | 2020 | 2020 | 2020 | 2020 | 2020 | 2020 | 2020 | 2020 | 2020 | 2020 | 2020 | 2020 | 202 |
| 3 | 地域コード | 都道府県 | 市区町村 | 総人口 | 総人口（男） | 総人口（女） | 日本人人口 | 日本人人口（男） | 日本人人口（女） | 15歳未満人口 | 15歳未満人口（男） | 15歳未満人口（女） | 15～64歳人口 | 15～64歳人口（男） | 15～64歳人口（女） | 65歳以上人口 | 65歳以上人口（男） | 65歳以上人口（女） | 75歳以上人口 | 75歳以上人口（男） | 75歳以上人口（女） | 外国人人口 |
| 4 | R01100 | 北海道 | 札幌市 | 1973395 | 918682 | 1054713 | 1933294 | 897727 | 1035567 | 215366 | 110196 | 105170 | 1185724 | 566874 | 618850 | 541242 | 224966 | 316276 | 264920 | 98452 | 166468 | 1263 |
| 5 | R01202 | 北海道 | 函館市 | 251094 | 113965 | 137119 | 248208 | 112718 | 135490 | 23560 | 11984 | 11576 | 134953 | 64971 | 69982 | 89257 | 35342 | 53915 | 45963 | 16118 | 29845 | 98 |
| 6 | R01203 | 北海道 | 小樽市 | 111299 | 50136 | 61163 | 109971 | 49441 | 60530 | 9169 | 4678 | 4491 | 56643 | 26790 | 28853 | 45426 | 18009 | 27417 | 24086 | 8559 | 15927 | 55 |
| 7 | R01204 | 北海道 | 旭川市 | 329306 | 152108 | 177198 | 325287 | 150318 | 174969 | 34491 | 17797 | 16894 | 178060 | 85575 | 92485 | 112411 | 45768 | 66643 | 58032 | 22143 | 35889 | 108 |
| 8 | R01205 | 北海道 | 室蘭市 | 82363 | 40390 | 41993 | 81658 | 39960 | 41698 | 7769 | 3916 | 3853 | 43398 | 23259 | 20139 | 30330 | 12565 | 17765 | 16418 | 6265 | 10153 | 38 |
| 9 | R01206 | 北海道 | 釧路市 | 165077 | 77506 | 87571 | 163026 | 76789 | 86237 | 16634 | 8495 | 8139 | 90595 | 44886 | 45709 | 56355 | 23465 | 32890 | 28354 | 10823 | 17531 | 81 |
| 10 | R01207 | 北海道 | 帯広市 | 166536 | 79623 | 86913 | 165759 | 79211 | 86548 | 19073 | 9762 | 9311 | 96808 | 48097 | 48707 | 49000 | 20616 | 28384 | 24870 | 9548 | 15322 | 71 |
| 11 | R01208 | 北海道 | 北見市 | 115480 | 54729 | 60751 | 114601 | 54346 | 60255 | 12014 | 6170 | 5844 | 63217 | 31713 | 31504 | 38841 | 16230 | 22611 | 20031 | 7679 | 12358 | 40 |
| 12 | R01209 | 北海道 | 夕張市 | 7334 | 3981 | 3953 | 7247 | 3373 | 3874 | 411 | 199 | 212 | 3093 | 1609 | 1484 | 3908 | 1571 | 2357 | 2262 | 818 | 1444 | 4 |
| 13 | R01210 | 北海道 | 岩見沢市 | 79306 | 37105 | 42201 | 79031 | 36970 | 42061 | 7859 | 3961 | 3898 | 42391 | 21004 | 21387 | 29880 | 12062 | 16818 | 15113 | 5691 | 9422 | 11 |
| 14 | R01211 | 北海道 | 網走市 | 35759 | 18060 | 17699 | 35429 | 17962 | 17467 | 3731 | 1932 | 1799 | 20405 | 11042 | 9363 | 11259 | 4818 | 6441 | 5595 | 2198 | 3397 | 32 |
| 15 | R01212 | 北海道 | 留萌市 | 20114 | 9649 | 10465 | 19940 | 9610 | 10330 | 1711 | 885 | 826 | 9981 | 5234 | 4747 | 7425 | 3002 | 4423 | 3944 | 1467 | 2477 | 11 |
| 16 | R01213 | 北海道 | 苫小牧市 | 170113 | 83522 | 86591 | 168873 | 82739 | 86134 | 20426 | 10593 | 9833 | 96847 | 49324 | 47523 | 50022 | 21637 | 28385 | 23635 | 9242 | 14393 | 72 |
| 17 | R01214 | 北海道 | 稚内市 | 33563 | 16951 | 16612 | 33083 | 16509 | 16574 | 3484 | 1806 | 1678 | 18920 | 10016 | 8904 | 11025 | 4739 | 6286 | 5458 | 2105 | 3353 | 43 |
| 18 | R01215 | 北海道 | 美唄市 | 20413 | 9565 | 10848 | 20343 | 9527 | 10816 | 1539 | 813 | 726 | 10169 | 5143 | 5026 | 8642 | 3575 | 5067 | 4739 | 1786 | 2953 | 6 |
| 19 | R01216 | 北海道 | 芦別市 | 12565 | 5762 | 6793 | 12536 | 5758 | 6778 | 845 | 435 | 410 | 5705 | 2854 | 2851 | 5995 | 2464 | 3531 | 3412 | 1304 | 2108 | |
| 20 | R01217 | 北海道 | 江別市 | 121056 | 57523 | 63533 | 119589 | 56702 | 62887 | 13400 | 6786 | 6614 | 69555 | 34012 | 35543 | 35783 | 15876 | 20907 | 18112 | 7027 | 11085 | 63 |
| 21 | R01218 | 北海道 | 赤平市 | 9698 | 4388 | 5310 | 9631 | 4355 | 5276 | 603 | 299 | 304 | 4280 | 2139 | 2141 | 4669 | 1878 | 2791 | 2624 | 979 | 1645 | 6 |
| 22 | R01219 | 北海道 | 紋別市 | 21275 | 9901 | 11314 | 20674 | 9803 | 10871 | 1971 | 992 | 979 | 11516 | 5782 | 5733 | 7697 | 3104 | 4593 | 4066 | 1474 | 2592 | 52 |
| 23 | R01220 | 北海道 | 士別市 | 17858 | 8416 | 9442 | 17796 | 8349 | 9407 | 1652 | 855 | 797 | 8809 | 4490 | 4313 | 7350 | 3044 | 4306 | 4118 | 1590 | 2528 | 1 |
| 24 | R01221 | 北海道 | 名寄市 | 27292 | 13322 | 13960 | 27014 | 13167 | 13847 | 3018 | 1561 | 1457 | 15232 | 7893 | 7339 | 8747 | 3682 | 5065 | 4754 | 1846 | 2908 | |
| 25 | R01222 | 北海道 | 三笠市 | 8040 | 3631 | 4409 | 8025 | 3621 | 4404 | 655 | 315 | 340 | 3586 | 1845 | 1721 | 3819 | 1471 | 2348 | 2259 | 779 | 1474 | |
| 26 | R01223 | 北海道 | 根室市 | 24696 | 11762 | 12874 | 24249 | 11666 | 12583 | 2396 | 1217 | 1179 | 13370 | 6832 | 6538 | 8646 | 3550 | 5098 | 4569 | 1694 | 2875 | 30 |
| 27 | R01224 | 北海道 | 千歳市 | 97950 | 49790 | 48160 | 97223 | 49450 | 47773 | 13012 | 6681 | 6331 | 62086 | 32906 | 29160 | 22690 | 10088 | 12602 | 10977 | 4484 | 6493 | 70 |
| 28 | R01225 | 北海道 | 滝川市 | 39490 | 18832 | 20658 | 39013 | 18548 | 20465 | 3995 | 2104 | 1891 | 21161 | 10702 | 10459 | 13821 | 5662 | 8139 | 7223 | 2735 | 4488 | 10 |
| 29 | R01226 | 北海道 | 砂川市 | 16486 | 7607 | 8879 | 16450 | 7588 | 8862 | 1388 | 682 | 706 | 8138 | 3985 | 4153 | 6404 | 2640 | 3764 | 3548 | 1346 | 2202 | 2 |
| 30 | R01227 | 北海道 | 歌志内市 | 2989 | 1399 | 1590 | 2979 | 1393 | 1586 | 142 | 80 | 62 | 1252 | 659 | 593 | 1592 | 658 | 934 | 883 | 318 | 570 | |
| 31 | R01228 | 北海道 | 深川市 | 20039 | 9362 | 10677 | 19927 | 9311 | 10616 | 1634 | 853 | 781 | 9802 | 4821 | 4981 | 8582 | 3482 | 5062 | 4873 | 1831 | 3042 | 11 |
| 32 | R01229 | 北海道 | 富良野市 | 21131 | 9947 | 11184 | 20825 | 9818 | 11007 | 2211 | 1126 | 1085 | 11512 | 5645 | 5867 | 7295 | 3073 | 4182 | 3933 | 1515 | 2418 | 22 |
| 33 | R01230 | 北海道 | 登別市 | 46391 | 22146 | 24245 | 46118 | 22023 | 24095 | 4775 | 2444 | 2295 | 24170 | 12215 | 11955 | 17287 | 7373 | 9914 | 9013 | 3563 | 5450 | 16 |
| 34 | R01231 | 北海道 | 恵庭市 | 70331 | 34088 | 36249 | 69840 | 33832 | 36008 | 8701 | 4476 | 4225 | 41413 | 20687 | 20726 | 19673 | 8560 | 11113 | 9795 | 3882 | 5913 | 43 |
| 35 | R01233 | 北海道 | 伊達市 | 32826 | 15176 | 17650 | 32644 | 15144 | 17500 | 3395 | 1714 | 1641 | 16832 | 8168 | 8664 | 12601 | 5208 | 7333 | 6740 | 2581 | 4159 | 18 |
| 36 | R01234 | 北海道 | 北広島市 | 58171 | 27763 | 30408 | 57695 | 27517 | 30178 | 6395 | 3267 | 3128 | 32140 | 15829 | 16311 | 19380 | 8514 | 10866 | 9376 | 3876 | 5500 | 30 |
| 37 | R01235 | 北海道 | 石狩市 | 56869 | 27324 | 29545 | 56418 | 27146 | 29272 | 6821 | 3502 | 3319 | 30645 | 15273 | 15372 | 19402 | 8549 | 10853 | 8958 | 3614 | 5344 | 45 |
| 38 | R01236 | 北海道 | 北斗市 | 44302 | 20542 | 23760 | 44002 | 20505 | 23497 | 5444 | 2808 | 2636 | 25434 | 12184 | 13250 | 13332 | 5541 | 7791 | 6564 | 2395 | 4169 | 30 |
| 39 | R01303 | 北海道 | 当別町 | 16119 | 7703 | 8213 | 15739 | 7612 | 8127 | 1178 | 589 | 589 | 7859 | 4029 | 4474 | 5553 | 2482 | 3071 | 2834 | 1157 | 1677 | 11 |

SSDSE-A-2023

**図4.1** サンプルデータ（SSDSEのSSDSE-A-2023.xls）

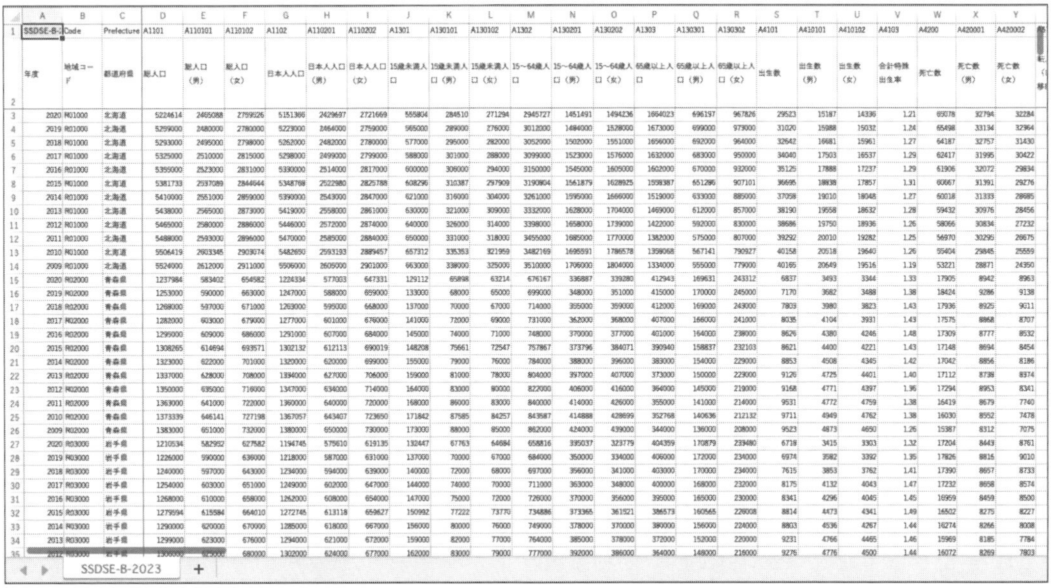

| | A | B | C | D | E | F | G | H | I | J | K | L | M | N | O | P | Q | R | S | T | U | V | W | X | Y |
|---|---|---|---|---|---|---|---|---|---|---|---|---|---|---|---|---|---|---|---|---|---|---|---|---|---|
| 1 | SSDSE-B-2 | Code | Prefecture | A1101 | A110301 | A110102 | A1102 | A110201 | A110202 | A1301 | A190101 | A130102 | A1302 | A130201 | A130202 | A1303 | A130301 | A130302 | A4101 | A410101 | A410102 | A4103 | A4200 | A420001 | A420002 |
| 2 | 年度 | 地域コー | 都道府県 | 総人口 | 総人口（男） | 総人口（女） | 日本人人口 | 日本人人口（男） | 日本人人口（女） | 15歳未満人口 | 15歳未満人口（男） | 15歳未満人口（女） | 15～64歳人口 | 15～64歳人口（男） | 15～64歳人口（女） | 65歳以上人口 | 65歳以上人口（男） | 65歳以上人口（女） | 出生数 | 出生数（男） | 出生数（女） | 合計特殊出生率 | 死亡数 | 死亡数（男） | 死亡数（女） | |
| 3 | 2020 | R01000 | 北海道 | 5224614 | 2465088 | 2759526 | 5151366 | 2429697 | 2721669 | 555804 | 284510 | 271294 | 2945727 | 1451491 | 1494236 | 1864023 | 696197 | 967826 | 29523 | 15187 | 14336 | 1.21 | 69378 | 32794 | 32284 | |
| 4 | 2019 | R01000 | 北海道 | 5299000 | 2480000 | 2780000 | 9229000 | 2490697 | 2759000 | 565000 | 289000 | 271296 | 9012000 | 1484000 | 1528000 | 1673000 | 699000 | 979000 | 31020 | 15988 | 15032 | 1.24 | 65498 | 33134 | 32964 | |
| 5 | 2018 | R01000 | 北海道 | 5293000 | 2495000 | 2798000 | 5262000 | 2482000 | 577000 | 290000 | 282000 | 3052000 | 1502000 | 1551000 | 1656000 | 692000 | 964000 | 32642 | 16681 | 15961 | 1.27 | 64187 | 32757 | 31430 | | |
| 6 | 2017 | R01000 | 北海道 | 5325000 | 2510000 | 2815000 | 5298000 | 2499000 | 2799000 | 588000 | 301000 | 288000 | 3099000 | 1527000 | 1576000 | 1632000 | 683000 | 950000 | 34040 | 17503 | 16537 | 1.29 | 62417 | 31995 | 30422 | |
| 7 | 2016 | R01000 | 北海道 | 5395000 | 2523000 | 2831000 | 5300000 | 2514000 | 2817000 | 600000 | 304000 | 294000 | 3150000 | 1545000 | 1605000 | 1602000 | 670000 | 932000 | 35125 | 17888 | 17237 | 1.29 | 61906 | 32072 | 29834 | |
| 8 | 2015 | R01000 | 北海道 | 5381733 | 2597089 | 2844944 | 5348768 | 2522980 | 2825788 | 608296 | 310387 | 297909 | 3190804 | 1561879 | 1628925 | 1598987 | 651286 | 907101 | 36695 | 18938 | 17857 | 1.31 | 60667 | 31391 | 29276 | |
| 9 | 2014 | R01000 | 北海道 | 5410000 | 2551000 | 2859000 | 5390000 | 2543000 | 2847000 | 621000 | 316000 | 304000 | 3261000 | 1595000 | 1666000 | 1519000 | 633000 | 885000 | 37709 | 19010 | 18048 | 1.27 | 60018 | 31339 | 28685 | |
| 10 | 2013 | R01000 | 北海道 | 5438000 | 2565000 | 2873000 | 5419000 | 2558000 | 2861000 | 630000 | 321000 | 309000 | 3332000 | 1628000 | 1704000 | 1469000 | 612000 | 857000 | 38190 | 19558 | 18632 | 1.28 | 59432 | 30976 | 28456 | |
| 11 | 2012 | R01000 | 北海道 | 5465000 | 2580000 | 2886000 | 5446000 | 2572000 | 2874000 | 640000 | 326000 | 314000 | 3398000 | 1658000 | 1739000 | 1422000 | 592000 | 830000 | 38686 | 19750 | 18936 | 1.26 | 58066 | 30834 | 27232 | |
| 12 | 2011 | R01000 | 北海道 | 5488000 | 2593000 | 2896000 | 5470000 | 2585000 | 2884000 | 650000 | 331000 | 318000 | 3455000 | 1685000 | 1770000 | 1382000 | 575000 | 807000 | 39292 | 20010 | 19282 | 1.25 | 56970 | 30295 | 26675 | |
| 13 | 2010 | R01000 | 北海道 | 5506419 | 2603345 | 2903074 | 5485000 | 2593193 | 2889457 | 657312 | 335335 | 321977 | 3482749 | 1699591 | 1786578 | 1359068 | 567141 | 790927 | 40158 | 20518 | 19640 | 1.26 | 55404 | 29845 | 25559 | |
| 14 | 2009 | R01000 | 北海道 | 5524000 | 2612000 | 2911000 | 5506000 | 2605000 | 2901000 | 663000 | 338000 | 325000 | 3511000 | 1706000 | 1804000 | 1343000 | 555000 | 775000 | 40165 | 20649 | 19516 | 1.19 | 53221 | 28871 | 24350 | |
| 15 | 2020 | R02000 | 青森県 | 1237984 | 583402 | 654582 | 1224334 | 577003 | 647331 | 129112 | 65998 | 63214 | 676167 | 536887 | 339280 | 412943 | 169671 | 243312 | 6837 | 3493 | 3344 | 1.33 | 17905 | 8942 | 8963 | |
| 16 | 2019 | R02000 | 青森県 | 1253000 | 590000 | 663000 | 1247000 | 588000 | 659000 | 133000 | 68000 | 65000 | 699000 | 348000 | 351000 | 415000 | 170000 | 245000 | 7170 | 3682 | 3488 | 1.38 | 18424 | 9286 | 9138 | |
| 17 | 2018 | R02000 | 青森県 | 1268000 | 597000 | 671000 | 1263000 | 595000 | 668000 | 137000 | 70000 | 67000 | 714000 | 355000 | 359000 | 412000 | 169000 | 243000 | 7803 | 3980 | 3823 | 1.43 | 17936 | 8925 | 9011 | |
| 18 | 2017 | R02000 | 青森県 | 1282000 | 603000 | 679000 | 1277000 | 601000 | 676000 | 143000 | 72000 | 69000 | 731000 | 362000 | 368000 | 407000 | 166000 | 241000 | 8035 | 4104 | 3931 | 1.43 | 17575 | 8868 | 8707 | |
| 19 | 2016 | R02000 | 青森県 | 1299000 | 609000 | 690000 | 1295000 | 607000 | 684000 | 149000 | 74000 | 71000 | 748000 | 371000 | 377000 | 401000 | 164000 | 238000 | 8626 | 4380 | 4246 | 1.48 | 17309 | 8777 | 8532 | |
| 20 | 2015 | R02000 | 青森県 | 1308265 | 614694 | 693571 | 1302132 | 612113 | 690019 | 148208 | 75661 | 72547 | 757867 | 373796 | 384071 | 390940 | 158837 | 232103 | 8621 | 4400 | 4221 | 1.43 | 17148 | 8694 | 8454 | |
| 21 | 2014 | R02000 | 青森県 | 1323000 | 622000 | 701000 | 1320000 | 620000 | 699000 | 155000 | 79000 | 76000 | 784000 | 388000 | 396000 | 383000 | 154000 | 229000 | 8853 | 4508 | 4345 | 1.42 | 17042 | 8856 | 8186 | |
| 22 | 2013 | R02000 | 青森県 | 1337000 | 628000 | 708000 | 1334000 | 627000 | 706000 | 159000 | 81000 | 78000 | 804000 | 397000 | 407000 | 373000 | 150000 | 223000 | 9126 | 4725 | 4401 | 1.40 | 17112 | 8738 | 8374 | |
| 23 | 2012 | R02000 | 青森県 | 1350000 | 635000 | 716000 | 1347000 | 634000 | 714000 | 164000 | 83000 | 80000 | 822000 | 406000 | 416000 | 364000 | 145000 | 219000 | 9168 | 4771 | 4397 | 1.40 | 17390 | 8657 | 8733 | |
| 24 | 2011 | R02000 | 青森県 | 1363000 | 641000 | 722000 | 1360000 | 640000 | 720000 | 168000 | 86000 | 83000 | 840000 | 414000 | 426000 | 355000 | 143000 | 214000 | 9531 | 4772 | 4759 | 1.38 | 16419 | 8679 | 7740 | |
| 25 | 2010 | R02000 | 青森県 | 1373339 | 646141 | 727198 | 1367057 | 643407 | 723650 | 171862 | 87585 | 84277 | 847008 | 414888 | 429766 | 352768 | 140636 | 212132 | 9711 | 4949 | 4762 | 1.38 | 16030 | 8552 | 7478 | |
| 26 | 2009 | R02000 | 青森県 | 1383000 | 651000 | 732000 | 1380000 | 650000 | 730000 | 173000 | 88000 | 85000 | 862000 | 424000 | 439000 | 344000 | 135000 | 209000 | 9523 | 4873 | 4650 | 1.26 | 15387 | 8312 | 7075 | |
| 27 | 2020 | R03000 | 岩手県 | 1210534 | 582952 | 627582 | 1194745 | 576180 | 618565 | 131519 | 132447 | 67763 | 64484 | 658816 | 395037 | 323719 | 404359 | 170879 | 234890 | 6718 | 3415 | 3303 | 1.32 | 17204 | 8443 | 8761 | |
| 28 | 2019 | R03000 | 岩手県 | 1226000 | 590000 | 636000 | 1218000 | 587000 | 631000 | 137000 | 70000 | 67000 | 684000 | 334000 | 406000 | 170000 | 234000 | 6913 | 3582 | 3362 | 1.35 | 17826 | 8855 | 9010 | | |
| 29 | 2018 | R03000 | 岩手県 | 1240000 | 597000 | 643000 | 1234000 | 594000 | 639000 | 140000 | 72000 | 68000 | 697000 | 341000 | 403000 | 169000 | 234000 | 7615 | 3853 | 7421 | 1.41 | 17390 | 8657 | 8733 | | |
| 30 | 2017 | R03000 | 岩手県 | 1254000 | 603000 | 651000 | 1249000 | 602000 | 647000 | 147000 | 74000 | 70000 | 711000 | 363000 | 380000 | 173000 | 240000 | 8175 | 4157 | 4018 | 1.47 | 17147 | 8623 | 8524 | | |
| 31 | 2016 | R03000 | 岩手県 | 1268000 | 610000 | 658000 | 1263000 | 609000 | 654000 | 149000 | 74000 | 73000 | 730000 | 353000 | 377000 | 173000 | 237000 | 8341 | 4296 | 4045 | 1.45 | 16969 | 8459 | 8500 | | |
| 32 | 2015 | R03000 | 岩手県 | 1279594 | 615584 | 664010 | 1272748 | 613118 | 658627 | 150962 | 77222 | 73776 | 734886 | 373366 | 378000 | 156000 | 226000 | 8614 | 4473 | 4341 | 1.49 | 16502 | 8275 | 8227 | | |
| 33 | 2014 | R03000 | 岩手県 | 1290000 | 620000 | 670000 | 1285000 | 618000 | 667000 | 156000 | 80000 | 76000 | 749000 | 380000 | 380000 | 370000 | 152000 | 218000 | 9231 | 4766 | 4465 | 1.46 | 15969 | 8185 | 7784 | | |
| 34 | 2013 | R03000 | 岩手県 | 1299000 | 623000 | 676000 | 1294000 | 621000 | 672000 | 159000 | 79000 | 79000 | 777000 | 394000 | 386000 | 149000 | 210000 | 9276 | 4776 | 4500 | 1.44 | 16072 | 8269 | 7803 | | |

SSDSE-B-2023

**図4.2** サンプルデータ（SSDSEのSSDSE-B-2023.xlsx）

● **Your prompt**

Pythonとpandasを使用して、アップロードされたSSDSE-A-2023.xlsxファイルを読み込み、データの先頭を表示するスクリプトを生成してください。

以下の応答が得られました。データの先頭を表示とするためのhead()メソッドの説明もしています。

● **ChatGPT response**

以下は、Python と pandas を使用してアップロードされた "SSDSE-A-2023.xlsx" ファイルを読み込み、データの先頭を表示するスクリプトです。

```python
import pandas as pd

# ファイルのパス
file_path = '/mnt/data/SSDSE-A-2023.xlsx'

# Excel ファイルを読み込む
df = pd.read_excel(file_path)

# データの先頭を表示
print(df.head())
```

このスクリプトは、pandas ライブラリを使用して Excel ファイルを読み込み、head() メソッドを使用してデータフレームの最初の5行を表示します。必要に応じて、head() メソッドの引数に別の数値を指定して表示する行数を変更することができます。

こちらの応答を参考に、グラフからWord文書を作成するスクリプトを作成していこうと思います。Visual Studio Codeを開き、4_1_1というフォルダを作成し、その中にmain.pyというファイルを作成してください。

そして、上記のChatGPTのスクリプトをmain.pyに貼り付けます。

 sample 4_1_1/main.py

```python
import pandas as pd

# ファイルのパス
file_path = '/mnt/data/SSDSE-A-2023.xlsx'   ◀⋯⋯⋯⋯ ここを修正
```

```
# Excel ファイルを読み込む
df = pd.read_excel(file_path)

# データの先頭を表示
print(df.head())
```

そして、SSDSE-A-2023.xlsxのExcelのファイルをdataフォルダに手動で配置し、スクリプトのファイルパスもそれに合うように修正します。次の個所です。

```
# ファイルのパス
file_path = 'data/SSDSE-A-2023.xlsx'  ◀⋯⋯⋯⋯ ［ファイルパスを修正］
```

では、このスクリプトを実行してみましょう。ターミナルに以下のコマンドを記入し、Pythonスクリプトを実行します。

```
python 4_1_1/main.py
```

以下のデータが出力されました。

```
SSDSE-A-2023 Prefecture Municipality    A1101 A110101  A110102    A1102    A110201
A110202    A1301    A130101    A130102    A1302    A130201    A130202
A1303    A130301    A130302    A1419    A141901    A141902  A1700    ...
F110701  F110702  F1108    F110801    F110802    F2201    F2211    F2221
G1201 G1401            H5507 H550701 H6130 H6131   H6132 I510120  I5102    I5103
I6100  I6200 I6300    J250302
0        NaN        NaN        年度    2020    2020    2020    2020
2020    2020    2020    2020    2020    2020    2020
2020    2020    2020    2020    2020    2020    2020 2020  ...
2020    2020 2020    2020    2020    2020    2020    2020
2018  2018        2020    2020 2016 2016    2016    2020    2020    2020
2020    2020 2020    2020
1        地域コード    都道府県    市区町村    総人口 総人口（男）  総人口（女）
日本人人口  日本人人口（男） 日本人人口（女）  15歳未満人口  15歳未満人口（男）  15歳未満人
口（女）
```

　中略
```
```

| 4 | R01203 | 北海道 | 小樽市 | 111299 | 50136 | 61163 | 109971 |
|---|---|---|---|---|---|---|---|
| 49441 | 60530 | 9169 | 4678 | 4491 | 55643 | | 26790 |
| 28853 | 45426 | 18009 | 27417 | 24086 | 8559 | 15527 | 552 |
| ... | 1689 | 1161 | 46101 | 16224 | 29877 | 619 | 7572 |
| 35719 | 0 | 1 | 111634 | 2310 | 1289 | 778 | 17 | 11 | 80 |
| 78 | 338 | 105 | 334 | 23 | | | |

　実行されたことにより、アップロードされたファイル"SSDSE-A-2023.xlsx"からデータが読み込まれ、pandasデータフレームに変換されています。表示された先頭のデータから、都道府県や市区町村、人口統計などの様々な情報が含まれていることが確認できます。

　次のステップでは、このデータを元に各種統計的分析を行い、さらにデータから得られた洞察を可視化するためにグラフを生成します。Pythonとpandasライブラリの力を最大限に活用し、データから有益な情報を引き出す技術を身につけましょう。実習を通じて、分析プロセスを習得し、データサイエンスの基礎をしっかりと理解することが目標です。

## 4.1.2　ステップ2：基本的なデータ集計

　読み込んだデータに基本的な統計を適用し、例えば人口統計や経済情報に関する集計を行い、都道府県ごとの概要を理解します。

　ChatGPTにSSDSE-A-2023.xlsxをアップロードし、以下のプロンプトを工夫してみます。

　今回の処理では、Excelのデータ構造を知っている必要があるため、まずChatGPTにExcelのデータについて把握しておいてもらう必要があります。そのため、3で説明を求めて確認をします。

● **Your prompt**
以下の手順で作業を行ってください。

1．アップロードされた "SSDSE-A-2023.xlsx" ファイルからDataFrameを作成してください。
2．DataFrameの先頭の行を出力してください。
3．DataFrameの構造とそのデータの内容について説明してください。
4．DataFrameのデータを元に、都道府県ごとの人口統計情報の基本的な集計を行い、結果を表示するスクリプトを生成してください。

Excelのデータは3行目以降を使用してください。
スクリプトのコメントや応答は日本語で行ってください。

　以下の応答が得られました。3の問にもしっかり答えています。

● **ChatGPT response** ·······························

```python
import pandas as pd

# ファイルパス
file_path = '/mnt/data/SSDSE-A-2023.xlsx'

# DataFrameの作成
df = pd.read_excel(file_path, skiprows=2)

# DataFrameの先頭の行を出力
df.head()
```

地域コード　都道府県　市区町村　　　　総人口　総人口（男）　総人口（女）　　　日本人人口　日本人人口（男）　日本人人口（女）　\\

| | 地域コード | 都道府県 | 市区町村 | 総人口 | 総人口（男） | 総人口（女） | 日本人人口 | 日本人人口（男） | 日本人人口（女） |
|---|---|---|---|---|---|---|---|---|---|
| 0 | R01100 | 北海道 | 札幌市 | 1973395 | 918682 | 1054713 | 1933094 | 897727 | 1035367 |
| 1 | R01202 | 北海道 | 函館市 | 251084 | 113965 | 137119 | 248208 | 112718 | 135490 |
| 2 | R01203 | 北海道 | 小樽市 | 111299 | 50136 | 61163 | 109971 | 49441 | 60530 |
| 3 | R01204 | 北海道 | 旭川市 | 329306 | 152108 | 177198 | 325287 | 150318 | 174969 |
| 4 | R01205 | 北海道 | 室蘭市 | 82383 | 40390 | 41993 | 81658 | 39960 | 41698 |

　　　15歳未満人口　...　　小売店数　飲食店数　大型小売店数　一般病院数　一般診療所数　歯科診療所数　　医師数　歯科医師数　\\

| | 15歳未満人口 | ... | 小売店数 | 飲食店数 | 大型小売店数 | 一般病院数 | 一般診療所数 | 歯科診療所数 |
|---|---|---|---|---|---|---|---|---|
| 0 | 215366 | ... | 11197 | 8502 | 355 | 178 | 1375 | 1205 | 6978 | 2142 |
| 1 | 23560 | ... | 2533 | 1749 | 41 | 26 | 207 | 126 | 822 | 182 |
| 2 | 9169 | ... | 1289 | 778 | 17 | 11 | 80 | 78 | 338 | 105 |
| 3 | 34691 | ... | 2612 | 1743 | 65 | 36 | 225 | 171 | 1364 | 246 |
| 4 | 7769 | ... | 748 | 621 | 11 | 6 | 52 | 40 | 249 | 56 |

　　　薬剤師数　保育所等数（基本票）

| | 薬剤師数 | 保育所等数（基本票） |
|---|---|---|
| 0 | 5758 | 343 |
| 1 | 683 | 53 |
| 2 | 334 | 23 |
| 3 | 876 | 71 |
| 4 | 193 | 11 |

```
[5 rows x 128 columns]
```

DataFrameの構造とデータの内容について説明します。

このDataFrameには、都道府県、市区町村、総人口、日本人人口、15歳未満人口、65歳以上人口などの人口統計情報が含まれています。また、小売店数、飲食店数、大型小売店数、一般病院数、一般診療所数、

歯科診療所数、医師数、歯科医師数、薬剤師数、保育所等数などの社会インフラに関する情報も含まれています。

都道府県ごとの人口統計情報の基本的な集計を行うスクリプトを以下に示します。

このスクリプトでは、groupbyメソッドを使用して都道府県ごとにデータをグループ化し、aggメソッドで各種統計情報の合計を計算しています。最後にreset_indexメソッドでインデックスをリセットし、結果を表示しています。

入り乱れている感じがします。これでは、最終的なスクリプトがわからないので、改めて実行可能なスクリプトを出力してもらいましょう。

同じスレッドで以下のプロンプトをChatGPTに送信します。プロンプトの内容はものすごく単純明快です。

● **Your prompt**
最終的に実行可能なスクリプトを出力し直してください。

以下の応答が返ってきました。スクリプトがはっきりわかります。

● **ChatGPT response**
以下は実行可能なスクリプトです。

sample 4_1_2/main.py

```python
import pandas as pd

# ファイルパス
file_path = '/mnt/data/SSDSE-A-2023.xlsx'    ← ········ ここを修正する

# DataFrameの作成
df = pd.read_excel(file_path, skiprows=2)

# 都道府県ごとの人口統計情報の集計
population_summary = df.groupby('都道府県').agg({
    '総人口': 'sum',
    '日本人人口': 'sum',
    '15歳未満人口': 'sum',
    '65歳以上人口': 'sum',
```

```
        '一般病院数': 'sum',
        '一般診療所数': 'sum',
        '歯科診療所数': 'sum',
        '医師数': 'sum',
        '歯科医師数': 'sum',
        '薬剤師数': 'sum',
        '保育所等数（基本票）': 'sum'
}).reset_index()

# 集計結果の表示
print(population_summary)
```

ここまで **4_1_2/main.py**

このスクリプトを実行すると、都道府県ごとの人口統計情報の基本的な集計結果が表示されます。

　こちらの応答を参考に、グラフからWord文書を作成するスクリプトを作成してみましょう。Visual Studio Codeを開き、4_1_2というフォルダを作成し、その中にmain.pyというファイルを作成してください。

　そして、上記のChatGPTのスクリプトをmain.pyに貼り付け、ファイルのパスをdata/SSDSE-A-2023.xlsxに修正します。以下の個所です。

```
# ファイルパス
file_path = 'data/SSDSE-A-2023.xlsx'   ◀········ ファイルパスを修正
```

では、このスクリプトを実行してみましょう。
ターミナルに以下のコマンドを入力し、Pythonスクリプトを実行します。

```
python 4_1_2/main.py
```

以下のデータが出力されました。

| 都道府県 | 総人口 | 日本人人口 | 15歳未満人口 | 65歳以上人口 | 一般病院数 | 一般診療所数 | 歯科診療所数 | 医師数 | 歯科医師数 | 薬剤師数 | 保育所等数（基本票） |
|---|---|---|---|---|---|---|---|---|---|---|---|
| 0 三重県 | 1770254 | 1698876 | 211090 | 522073 | 81 | 1504 | 816 | 4298 | 1180 | 3550 | 429 |
| 1 京都府 | 2578087 | 2460764 | 293465 | 734493 | 152 | 2449 | 1289 | 9156 | | | |

| | | | | | | | | | |
|---|---|---|---|---|---|---|---|---|---|
| 1973 | 6828 | | 508 | | | | | | |
| 2 | 佐賀県 | 811442 | 796285 | 108241 | 246061 | 86 | 691 | 409 | 2445 |
| 617 | 1952 | | 257 | | | | | | |
| 3 | 兵庫県 | 5465002 | 5215927 | 660205 | 1546543 | 314 | 5149 | 2970 | 15133 |
| 4141 | 15663 | | 1064 | | | | | | |
| 4 | 北海道 | 5224614 | 5151366 | 555804 | 1664023 | 479 | 3351 | 2840 | 13731 |
| 4418 | 11802 | | 1045 | | | | | | |

以下略

出力結果を見ると、アップロードされたファイル "SSDSE-A-2023.xlsx" からデータが読み込まれ、市区町村別のデータが都道府県ごとに集計されたことがわかります。

## 4.1.3　ステップ3：グラフの作成

次はこのデータを元にグラフを作成してみましょう。集約されたデータを元に、matplotlibライブラリやseabornライブラリを活用してグラフを作成し、データを視覚化します。今回は、各都道府県の総人口をグラフで表現してみましょう。

先ほどと同じスレッドで以下のプロンプトをChatGPTに送信します。これも単純明快です。seabornライブラリはPythonのライブラリの1つですが、このように明示的に利用を指定することもできます。

● **Your prompt**
次は、先ほどのスクリプトで出力されるデータの「総人口」をseabornでグラフ化するためのスクリプトを作成してください。

以下の応答が得られました。総人口としただけで、総人口列と認識しています。また、グラフの日本語対応はされていません。

● **ChatGPT response** ......................................................
以下は、'seaborn' を使用して「総人口」をグラフ化するためのスクリプトです。

```
⤓sample  4_1_3/main_a.py
import pandas as pd
import seaborn as sns
import matplotlib.pyplot as plt
                                  ◀·········  ここにライブラリを追加

# ファイルパス
file_path = '/mnt/data/SSDSE-A-2023.xlsx'  ◀·········  ここを修正する
```

```python
# DataFrameの作成
df = pd.read_excel(file_path, skiprows=2)

# 都道府県ごとの人口統計情報の集計
population_summary = df.groupby('都道府県').agg({
    '総人口': 'sum',
    '日本人人口': 'sum',
    '15歳未満人口': 'sum',
    '65歳以上人口': 'sum',
    '一般病院数': 'sum',
    '一般診療所数': 'sum',
    '歯科診療所数': 'sum',
    '医師数': 'sum',
    '歯科医師数': 'sum',
    '薬剤師数': 'sum',
    '保育所等数（基本票）': 'sum'
}).reset_index()

# グラフの設定
plt.figure(figsize=(10, 8))
sns.barplot(x='総人口', y='都道府県', data=population_summary.sort_values(by='総人口', ascending=False))
plt.title('都道府県別総人口')
plt.xlabel('総人口')
plt.ylabel('都道府県')

# グラフの表示
plt.show()
```

ここまで　**4_1_3/main_a.py**

このスクリプトでは、seabornのbarplot関数を使用して、都道府県ごとの総人口を棒グラフで表示しています。また、sort_valuesメソッドで総人口が多い順に並べ替えています。plt.figureでグラフのサイズを設定し、plt.title、plt.xlabel、plt.ylabelでタイトルと軸ラベルを設定しています。最後にplt.showでグラフを表示しています。

　こちらの応答を参考に、グラフを作成するスクリプトを作成していこうと思います。Visual Studio Codeを開き、4_1_3というフォルダを作成し、その中にmain_a.pyというファイルを作成してください。

　そして、上記のChatGPTのスクリプトをmain.pyに貼り付けます。

　また、ファイルのパスをdata/SSDSE-A-2023.xlsxに修正し、日本語に対応するため、import japanize_matplotlibライブラリを追加します。以下の箇所です。

```
import pandas as pd
import seaborn as sns
import matplotlib.pyplot as plt
import japanize_matplotlib          ◀········ ライブラリを追加

# ファイルパス
file_path = 'data/SSDSE-A-2023.xlsx'    ◀········ ファイルパスを修正
```

　では、このスクリプトを実行してみましょう。ターミナルに以下のコマンドを入力し、Pythonスクリプトを実行します。

```
python 4_1_3/main_a.py
```

　すると、以下の画像が表示されました。

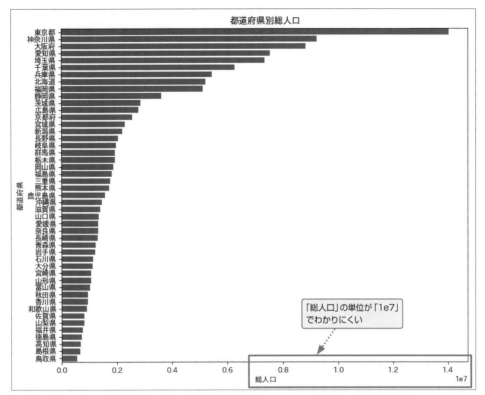

図4.3　表示されたグラフ。日本語文字化けはしていないが総人口の単位が「1e7」

　ですが、これでは、単位1e7となってしまっているので、総人口の単位を100万人単位で表示して
もらうようにChatGPTに指示を行ってみます。グラフ画面をクローズして、先ほどのスレッドの続
きで以下のプロンプトをChatGPTに送信します。きわめて単純なプロンプトです。

● **Your prompt**
総人口の単位を100万人として表示できるよう修正してください。

以下の応答が得られました。単位という概念を理解しています。

● **ChatGPT response**
総人口の単位を100万人として表示するために、以下のようにスクリプトを修正します。

```
import pandas as pd
import seaborn as sns
import matplotlib.pyplot as plt
```

```
# ファイルパス
file_path = '/mnt/data/SSDSE-A-2023.xlsx'

# DataFrameの作成
df = pd.read_excel(file_path, skiprows=2)

# 都道府県ごとの人口統計情報の集計
population_summary = df.groupby('都道府県').agg({
    '総人口': 'sum',
    '日本人人口': 'sum',
    '15歳未満人口': 'sum',
    '65歳以上人口': 'sum',
    '一般病院数': 'sum',
    '一般診療所数': 'sum',
    '歯科診療所数': 'sum',
    '医師数': 'sum',
    '歯科医師数': 'sum',
    '薬剤師数': 'sum',

    '保育所等数（基本票）': 'sum'
}).reset_index()
```

```
# 総人口を100万人単位に変換
```
追加された
```
population_summary['総人口（百万人）'] = population_summary['総人口'] / 1000000
```

```
# グラフの設定
plt.figure(figsize=(10, 8))
```
変更
```
sns.barplot(x='総人口（百万人）', y='都道府県', data=population_summary.sort_
values(by='総人口（百万人）', ascending=False))
plt.title('都道府県別総人口（百万人）')
plt.xlabel('総人口（百万人）')
```
```
plt.ylabel('都道府県')
# グラフの表示
plt.show()
```

この修正により、総人口が100万人単位で表示されるようになります。

　こちらの応答を参考にして4_1_3/main_a.pyを修正していきます。以下の個所です。修正し終え
たら、ファイル名を4_1_3/main_b.pyとして、保存します。

**sample** `4_1_3/main_b.py`

```
import pandas as pd
import seaborn as sns
import matplotlib.pyplot as plt
import japanize_matplotlib          ◀········ ライブラリを追記
# ファイルパス
file_path = 'data/SSDSE-A-2023.xlsx'        ◀········ ファイルパスを修正

# DataFrameの作成
df = pd.read_excel(file_path, skiprows=2)
     中略
```

追加

```
# 総人口を100万人単位に変換
population_summary['総人口（百万人）'] = population_summary['総人口'] / 1000000
```

```
# グラフの設定
plt.figure(figsize=(10, 8))                              変更
sns.barplot(x='総人口（百万人）', y='都道府県', data=population_summary.sort_
values(by='総人口（百万人）', ascending=False))       ◀········ 修正
plt.title('都道府県別総人口（百万人）')       ◀········ 修正
plt.xlabel('総人口（百万人）')       ◀········ 修正
plt.ylabel('都道府県')
```

```
# グラフの表示
plt.show()
```

　では、このスクリプトを実行してみましょう。ターミナルに以下のコマンドを入力し、Pythonスク
リプトを実行します。

```
python 4_1_3/main_b.py
```

　すると、以下の画像が表示されました。

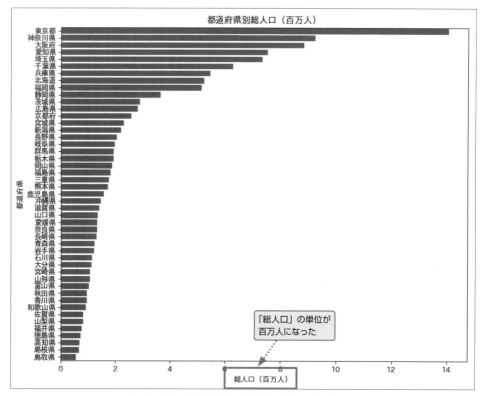

図4.4 総人口の単位がわかりやすい「百万人」になった

これで単位がわかりやすくなりました。

こちらのグラフをさらに改善してみましょう。グラフに200万人単位で縦線を入れるように修正してみましょう。以下のプロンプトをChatGPTに送信します。

● **Your prompt**
以下のスクリプトを、200万人単位で縦線を入れるように修正してください。

ここには4_1_3/main_b.py のスクリプト

以下の応答が得られました。縦線という概念もわかってくれました。先ほどのスクリプトを利用したので、そのまま使えます。

● **ChatGPT response** ⋯⋯⋯⋯⋯⋯⋯⋯⋯⋯⋯⋯⋯⋯⋯⋯⋯⋯⋯⋯⋯⋯⋯⋯⋯

以下のようにスクリプトを修正してください。変更点は、縦線を追加する部分です。

**sample** `4_1_3_2/main.py`

```python
import pandas as pd
import seaborn as sns
import matplotlib.pyplot as plt
import japanize_matplotlib

# ファイルパス
file_path = 'data/SSDSE-A-2023.xlsx'

# DataFrameの作成
df = pd.read_excel(file_path, skiprows=2)

# 都道府県ごとの人口統計情報の集計
population_summary = df.groupby('都道府県').agg({
    '総人口': 'sum',
    '日本人人口': 'sum',
    '15歳未満人口': 'sum',
    '65歳以上人口': 'sum',
    '一般病院数': 'sum',
    '一般診療所数': 'sum',
    '歯科診療所数': 'sum',
    '医師数': 'sum',
    '歯科医師数': 'sum',
    '薬剤師数': 'sum',
    '保育所等数（基本票）': 'sum'
}).reset_index()

# 総人口を百万人単位に変換
population_summary['総人口（百万人）'] = population_summary['総人口'] / 1000000

# グラフの設定
plt.figure(figsize=(10, 8))
sns.barplot(x='総人口（百万人）', y='都道府県', data=population_summary.sort_values(by='総人口（百万人）', ascending=False))
plt.title('都道府県別総人口（百万人）')
plt.xlabel('総人口（百万人）')
plt.ylabel('都道府県')
```

```
# 縦線の追加（200万人単位で）                    ←·········· ここが追加された
max_population = population_summary['総人口（百万人）'].max()
line_positions = [i * 2 for i in range(int(max_population / 2) + 1)]
for position in line_positions:
    plt.axvline(x=position, color='gray', linestyle='--', linewidth=0.5)

# グラフの表示
plt.show()
```
ここまで　4_1_3_2/main.py

このスクリプトでは、line_positions リストを作成して、総人口の最大値を2で割った値までの範囲で200万人単位の位置に縦線を追加しています。これにより、グラフに200万人単位で縦線が表示されます。

では、こちらのスクリプトを使用してみましょう。Visual Studio Codeを開き、4_1_3_2というフォルダを作成し、その中にmain.pyというファイルを作成してください。そして、上記のChatGPTのスクリプトをmain.pyに貼り付けてください。

そして、以下のコマンドでスクリプトを実行します。

```
python 4_1_3_2/main.py
```

実行すると、プロンプトで修正するべきコードも示したため、エラーもなく、以下の画像が表示されました。

プロンプトで指定した通り、200万人単位の位置に縦線が追加され、とても見やすくなりました。

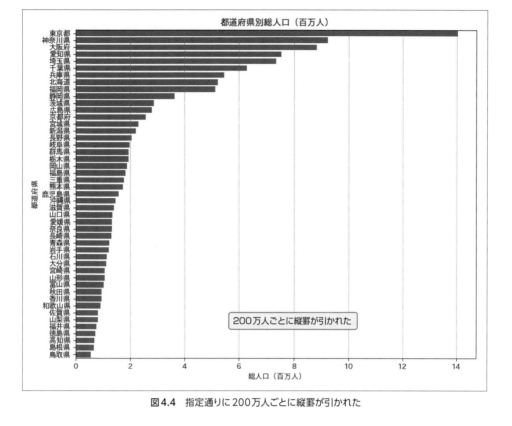

**図4.4　指定通りに200万人ごとに縦罫が引かれた**

## 4.1.4　レポートの作成

では、次はこちらの図を使用してWord文書のレポートを作成してみましょう。

python-docxライブラリを使用して、先ほどの図を使用したWord文書のレポートを作成するためのスクリプトを作成していきましょう。

先ほどと同じスレッドで以下のプロンプトをChatGPTに送信します。

● **Your prompt**

次は、先ほどのスクリプトで出力されるグラフを使用して、Word文書のレポートを作成するためのスクリプトを作成してください。

以下の応答が得られました。Word文書に対応するため、特にプロンプトで指定はしなかったのですがpython-docxライブラリが利用されます。

● ChatGPT response ··················································································

以下は、`python-docx`を使用してWord文書のレポートを作成するためのスクリプトです。

sample  `4_1_4/main_a.py`

```python
import pandas as pd
import seaborn as sns
import matplotlib.pyplot as plt
```
◀·········· ここにライブラリを追加

```python
from docx import Document
from io import BytesIO

# ファイルパス
file_path = '/mnt/data/SSDSE-A-2023.xlsx'
```
◀·········· ここを修正する

```python
# DataFrameの作成
df = pd.read_excel(file_path, skiprows=2)

# 都道府県ごとの人口統計情報の集計
population_summary = df.groupby('都道府県').agg({
    '総人口': 'sum',
    '日本人人口': 'sum',
    '15歳未満人口': 'sum',
    '65歳以上人口': 'sum',
    '一般病院数': 'sum',
    '一般診療所数': 'sum',
    '歯科診療所数': 'sum',
    '医師数': 'sum',
    '歯科医師数': 'sum',
    '薬剤師数': 'sum',
    '保育所等数（基本票）': 'sum'
}).reset_index()

# 総人口を100万人単位に変換
population_summary['総人口（百万人）'] = population_summary['総人口'] / 1000000

# グラフの設定
plt.figure(figsize=(10, 8))
sns.barplot(x='総人口（百万人）', y='都道府県', data=population_summary.sort_
values(by='総人口（百万人）', ascending=False))
plt.title('都道府県別総人口（百万人）')
```

```
plt.xlabel('総人口（百万人）')
plt.ylabel('都道府県')

# グラフを一時的に保存
img_buf = BytesIO()
plt.savefig(img_buf, format='png')
img_buf.seek(0)
plt.close()

# Word文書の作成
doc = Document()
doc.add_heading('都道府県別総人口レポート', level=1)
doc.add_paragraph('以下のグラフは、都道府県別の総人口（百万人単位）を示しています。')

# グラフをWord文書に挿入
doc.add_picture(img_buf)

# Word文書の保存
doc_path = '/mnt/data/population_report.docx'     ◀·········· ここを修正する
doc.save(doc_path)
print(f'Word文書が保存されました：{doc_path}')
```

`ここまで　4_1_4/main_a.py`

このスクリプトでは、まずグラフを作成し、BytesIOオブジェクトに一時的に保存します。次に、python-docxのDocumentクラスを使用してWord文書を作成し、グラフを挿入します。最後に、Word文書を指定したパスに保存します。

◁》 📋 ⊠ ········································································

こちらの応答を参考に、グラフからWord文書を作成するスクリプトを作成していこうと思います。Visual Studio Codeを開き、4_1_4というフォルダを作成し、その中にmain_a.pyというファイルを作成してください。

そして、上記のChatGPTのスクリプトをmain.pyに貼り付けます。

また、ファイルのパスをdata/SSDSE-A-2023.xlsxに修正し、日本語に対応するため、import japanize_matplotlibを追加します。また、今回はレポートの出力先も変更する必要があり、4_1_4/population_report.docxに修正しました。以下の箇所です。

```
import pandas as pd
import seaborn as sns
```

```
import matplotlib.pyplot as plt
import japanize_matplotlib          ◄┄┄┄┄┄┄ ［ライブラリを追加］
from docx import Document
from io import BytesIO

# ファイルパス
file_path = 'data/SSDSE-A-2023.xlsx'  ◄┄┄┄┄┄ ［ファイルパスを修正］

# Word文書の保存
doc_path = '4_1_4/population_report.docx'  ◄┄┄┄┄┄ ［ファイルパスを修正］
doc.save(doc_path)
print(f'Word文書が保存されました: {doc_path}')
```

　では、このスクリプトを実行してみましょう。ターミナルに以下のコマンドを入力し、Pythonスクリプトを実行します。

```
python 4_1_4/main_a.py
```

　以下のメッセージがターミナルに出力されました。

```
Word文書が保存されました: 4_1_4/population_report.docx
```

　そして、フォルダを見ると、Word文書が指定されたファイルパスに作成されていることが確認できました。
　しかし、中身を確認してみると、画像の横幅がはみ出してしまっていました。

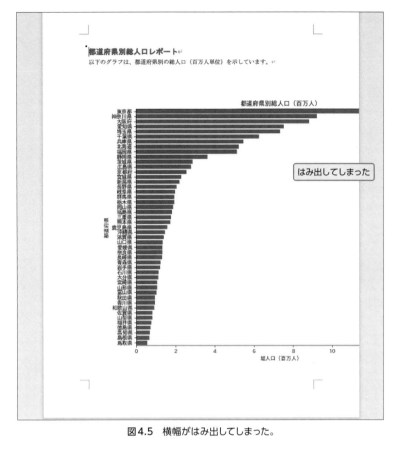

**図 4.5　横幅がはみ出してしまった。**

　修正するためのスクリプトを作成してもらうため、同じスレッドで以下のプロンプトをChatGPT に送信します。用紙サイズに収まるように工夫をしました。

● **Your prompt**
グラフがシートの横幅をはみ出してしまっているので、A4サイズのレイアウトを使用し、その中に収まるようにグラフのサイズを調整してください。

　以下の応答が得られました。

　変更したスクリプトをプロンプトに入れていないので、ChatGTPが作ったスクリプトが変更されました。そのため、先のファイルパスなどの修正が必要です。

● **ChatGPT response**

A4サイズのレイアウトに収まるようにグラフのサイズを調整するには、以下のようにスクリプトを修正します。

```python
import pandas as pd
import seaborn as sns
import matplotlib.pyplot as plt
from docx import Document
from docx.shared import Inches
from io import BytesIO

# ファイルパス
file_path = '/mnt/data/SSDSE-A-2023.xlsx'

# DataFrameの作成
df = pd.read_excel(file_path, skiprows=2)

# 都道府県ごとの人口統計情報の集計
population_summary = df.groupby('都道府県').agg({
    '総人口': 'sum',
    '日本人人口': 'sum',
    '15歳未満人口': 'sum',
    '65歳以上人口': 'sum',
    '一般病院数': 'sum',
    '一般診療所数': 'sum',
    '歯科診療所数': 'sum',
    '医師数': 'sum',
    '歯科医師数': 'sum',
    '薬剤師数': 'sum',
    '保育所等数（基本票）': 'sum'
}).reset_index()

# 総人口を100万人単位に変換
population_summary['総人口（百万人）'] = population_summary['総人口'] / 1000000

# グラフの設定
plt.figure(figsize=(8, 6))  # A4サイズに収まるようにサイズを調整
sns.barplot(x='総人口（百万人）', y='都道府県', data=population_summary.sort_values(by='総人口（百万人）', ascending=False))
plt.title('都道府県別総人口（百万人）')
```

```
plt.xlabel('総人口（百万人）')
plt.ylabel('都道府県')

# グラフを一時的に保存
img_buf = BytesIO()
plt.savefig(img_buf, format='png', bbox_inches='tight')  # bbox_inches='tight'で余白
を削除
img_buf.seek(0)
plt.close()

# Word文書の作成
doc = Document()
doc.add_heading('都道府県別総人口レポート', level=1)
doc.add_paragraph('以下のグラフは、都道府県別の総人口（百万人単位）を示しています。')

# グラフをWord文書に挿入（A4サイズに収まるように幅を調整）
doc.add_picture(img_buf, width=Inches(6.5))

# Word文書の保存
doc_path = '/mnt/data/population_report.docx'
doc.save(doc_path)
print(f'Word文書が保存されました: {doc_path}')
```

この修正では、plt.figureでグラフのサイズをA4サイズに収まるように調整しています。また、plt.savefigのbbox_inches='tight'オプションでグラフの余白を削除し、doc.add_pictureで挿入するグラフの幅をA4サイズの横幅に合わせて調整しています。

◁») 📋 ☒ ‥‥‥‥‥‥‥‥‥‥‥‥‥‥‥‥‥‥‥‥‥‥‥‥‥‥‥‥‥‥‥‥‥‥‥‥‥‥‥‥‥‥‥‥‥

　こちらのChatGPTを参考に、先ほどの4_1_4/main_a.pyを修正します。以下の箇所です。修正し終えたら、ファイル名をmain_b.pyとして保存します。

```
# グラフの設定
plt.figure(figsize=(8, 6))  # A4サイズに収まるようにサイズを調整   ◀‥‥‥‥‥ サイズを修正

# グラフを一時的に保存
img_buf = BytesIO()
plt.savefig(img_buf, format='png', bbox_inches='tight')  # bbox_inches='tight'で余白
を削除   ◀‥‥‥‥‥ 機能修正
img_buf.seek(0)
plt.close()
```

　では、このスクリプトを実行してみましょう。ターミナルに以下のコマンドを記入し、Pythonプログラムを実行します。

```
python 4_1_4/main_b.py
```

　今度は、以下のように、横幅に収まるサイズの図が表示されていることが確認できました。

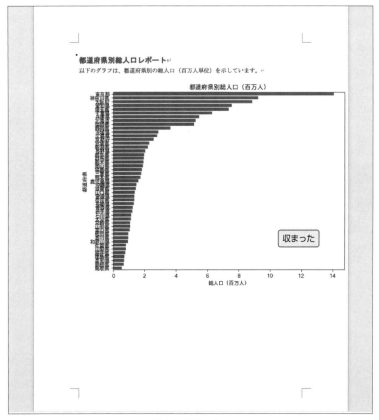

**図4.6　収まった。**

　この節では、公開統計データの有効活用について学びました。公開統計データとは政府や国際機関が提供する一般にアクセス可能なデータセットであり、信頼性が高く多様な分野にわたる貴重な情報源です。Pythonを活用することで、これらのデータセットの潜在的な価値を引き出し、分析や予測に役立てることができます。

# 4.2 データ分析とPythonの親和性：Pythonと公開統計データを使った分析の可能性

この節では、SSDSE-B-2023.xlsxという、様々な分野の都道府県別・時系列データを集めたデータセットを使用して、各都道府県ごとの人口動態をグラフ化する演習を通して、Pythonを使用したデータ分析の有効性と、ChatGPTを使用したスクリプト作成の可能性について探究していきましょう。

まずはどのようなデータが含まれているのかを確認するために、SSDSE（教育用標準データセット）｜独立行政法人　統計センター（https://www.nstac.go.jp/use/literacy/ssdse/）からSSDSE-B-2023.xlsxをダウンロードし、Excelファイルを確認してみましょう。以下のようなデータがまとめられていました。

２行目がヘッダーであり、３行目以降は年度別の各都道府県の統計情報です。

| | A | B | C | D | E | F | G | H | I | J | K | L | M | N | O | P | Q | R | S | T | U | V | W | X | Y | Z | AA |
|---|---|---|---|---|---|---|---|---|---|---|---|---|---|---|---|---|---|---|---|---|---|---|---|---|---|---|---|
| 1 | SSDSE-B-2 | Code | Prefecture | A1101 | A110101 | A110102 | A1102 | A110201 | A110202 | A1301 | A130101 | A130102 | A1302 | A130201 | A130202 | A1303 | A130301 | A130302 | A4101 | A410101 | A410102 | A4103 | A4200 | A420001 | A420002 | A5101 | A5101 |
| 2 | 年度 | 地域コード | 都道府県 | 総人口 | 総人口（男） | 総人口（女） | 日本人人口 | 日本人人口（男） | 日本人人口（女） | 15歳未満人口 | 15歳未満人口（男） | 15歳未満人口（女） | 15～64歳人口 | 15～64歳人口（男） | 15～64歳人口（女） | 65歳以上人口 | 65歳以上人口（男） | 65歳以上人口（女） | 出生数 | 出生数（男） | 出生数（女） | 合計特殊出生率 | 死亡数 | 死亡数（男） | 死亡数（女） | 転入者数（日本人移動者） | 転入者（日本 移動者（男） |
| 3 | 2020 | R01000 | 北海道 | 5224614 | 2465088 | 2759526 | 5151366 | 2429697 | 2721669 | 555804 | 284510 | 271294 | 2945727 | 1451491 | 1494236 | 1664023 | 696197 | 967826 | 29523 | 15187 | 14336 | 1.21 | 65078 | 32794 | 32284 | 48494 | 29 |
| 4 | 2019 | R01000 | 北海道 | 5259000 | 2480000 | 2780000 | 5223000 | 2464000 | 2759000 | 565000 | 289000 | 276000 | 3012000 | 1484000 | 1528000 | 1673000 | 699000 | 973000 | 31020 | 15988 | 15032 | 1.24 | 65498 | 33134 | 32364 | 47737 | 28 |
| 5 | 2018 | R01000 | 北海道 | 5293000 | 2495000 | 2798000 | 5262000 | 2482000 | 2780000 | 577000 | 295000 | 282000 | 3052000 | 1502000 | 1551000 | 1656000 | 692000 | 964000 | 32642 | 16681 | 15961 | 1.27 | 64187 | 32757 | 31430 | 47269 | 28 |
| 6 | 2017 | R01000 | 北海道 | 5325000 | 2510000 | 2815000 | 5298000 | 2499000 | 2799000 | 588000 | 301000 | 288000 | 3099000 | 1523000 | 1576000 | 1632000 | 683000 | 950000 | 34040 | 17503 | 16537 | 1.29 | 62417 | 31995 | 30422 | 48561 | 29 |
| 7 | 2016 | R01000 | 北海道 | 5355000 | 2523000 | 2831000 | 5330000 | 2514000 | 2817000 | 600000 | 306000 | 294000 | 3150000 | 1545000 | 1605000 | 1602000 | 670000 | 932000 | 35125 | 17888 | 17237 | 1.29 | 61906 | 32072 | 29834 | 48544 | 29 |
| 8 | 2015 | R01000 | 北海道 | 5381733 | 2537089 | 2844644 | 5348768 | 2522980 | 2825788 | 608296 | 310387 | 297909 | 3190804 | 1561879 | 1628925 | 1558387 | 651286 | 907101 | 36695 | 18838 | 17857 | 1.31 | 60667 | 31391 | 29276 | 47584 | 28 |
| 9 | 2014 | R01000 | 北海道 | 5410000 | 2551000 | 2859000 | 5390000 | 2543000 | 2847000 | 621000 | 316000 | 304000 | 3261000 | 1595000 | 1666000 | 1519000 | 633000 | 885000 | 37058 | 19010 | 18048 | 1.27 | 60018 | 31333 | 28685 | 46554 | 27 |
| 10 | 2013 | R01000 | 北海道 | 5438000 | 2565000 | 2873000 | 5419000 | 2558000 | 2861000 | 630000 | 321000 | 309000 | 3332000 | 1628000 | 1704000 | 1469000 | 612000 | 857000 | 38190 | 19558 | 18632 | 1.28 | 59432 | 30976 | 28456 | 47783 | 28 |
| 11 | 2012 | R01000 | 北海道 | 5465000 | 2580000 | 2886000 | 5446000 | 2572000 | 2874000 | 640000 | 326000 | 314000 | 3398000 | 1658000 | 1739000 | 1422000 | 592000 | 830000 | 38686 | 19750 | 18936 | 1.26 | 58066 | 30834 | 27232 | 49367 | 28 |
| 12 | 2011 | R01000 | 北海道 | 5488000 | 2593000 | 2896000 | 5470000 | 2585000 | 2884000 | 650000 | 331000 | 318000 | 3455000 | 1685000 | 1770000 | 1382000 | 575000 | 807000 | 39292 | 20010 | 19282 | 1.25 | 56970 | 30295 | 26675 | 51998 | 30 |
| 13 | 2010 | R01000 | 北海道 | 5506419 | 2603345 | 2903074 | 5482650 | 2593193 | 2889457 | 657312 | 335353 | 321959 | 3482169 | 1695591 | 1786578 | 1358068 | 567141 | 790927 | 40158 | 20518 | 19640 | 1.26 | 55404 | 29845 | 25559 | 48784 | 29 |
| 14 | 2009 | R01000 | 北海道 | 5624000 | 2612000 | 2911000 | 5506000 | 2605000 | 2901000 | 663000 | 338000 | 325000 | 3510000 | 1706000 | 1804000 | 1334000 | 555000 | 779000 | 40165 | 20649 | 19516 | 1.19 | 53221 | 28871 | 24350 | 51598 | 31 |
| 15 | 2020 | R02000 | 青森県 | 1237984 | 583402 | 654582 | 1224334 | 577003 | 647331 | 129112 | 65898 | 63214 | 676167 | 336887 | 339280 | 412943 | 169631 | 243312 | 6837 | 3493 | 3344 | 1.33 | 17905 | 8942 | 8963 | 16413 | 9 |
| 16 | 2019 | R02000 | 青森県 | 1253000 | 590000 | 663000 | 1247000 | 588000 | 659000 | 133000 | 68000 | 65000 | 699000 | 348000 | 351000 | 415000 | 170000 | 245000 | 7170 | 3682 | 3488 | 1.38 | 18424 | 9286 | 9138 | 16527 | 9 |
| 17 | 2018 | R02000 | 青森県 | 1268000 | 597000 | 671000 | 1263000 | 595000 | 668000 | 137000 | 70000 | 67000 | 714000 | 355000 | 359000 | 412000 | 169000 | 243000 | 7803 | 3980 | 3823 | 1.43 | 17936 | 8925 | 9011 | 16744 | 10 |
| 18 | 2017 | R02000 | 青森県 | 1282000 | 603000 | 679000 | 1277000 | 601000 | 676000 | 141000 | 72000 | 69000 | 731000 | 362000 | 368000 | 407000 | 166000 | 241000 | 8035 | 4104 | 3931 | 1.43 | 17575 | 8868 | 8707 | 17454 | 10 |
| 19 | 2016 | R02000 | 青森県 | 1295000 | 609000 | 686000 | 1291000 | 607000 | 684000 | 145000 | 74000 | 71000 | 748000 | 370000 | 377000 | 401000 | 164000 | 238000 | 8626 | 4380 | 4246 | 1.48 | 17309 | 8777 | 8532 | 17061 | 10 |
| 20 | 2015 | R02000 | 青森県 | 1308265 | 614694 | 693571 | 1302132 | 612113 | 690019 | 148208 | 75661 | 72547 | 757867 | 373796 | 384071 | 390940 | 158837 | 232103 | 8621 | 4400 | 4221 | 1.43 | 17148 | 8694 | 8454 | 17724 | 10 |
| 21 | 2014 | R02000 | 青森県 | 1323000 | 622000 | 701000 | 1320000 | 620000 | 699000 | 155000 | 79000 | 76000 | 784000 | 388000 | 396000 | 383000 | 154000 | 229000 | 8853 | 4508 | 4345 | 1.42 | 17042 | 8856 | 8186 | 17792 | 10 |
| 22 | 2013 | R02000 | 青森県 | 1337000 | 628000 | 708000 | 1334000 | 627000 | 706000 | 159000 | 81000 | 78000 | 804000 | 397000 | 407000 | 373000 | 150000 | 223000 | 9126 | 4725 | 4401 | 1.40 | 17112 | 8738 | 8374 | 18472 | 10 |
| 23 | 2012 | R02000 | 青森県 | 1350000 | 635000 | 716000 | 1347000 | 634000 | 714000 | 164000 | 83000 | 80000 | 822000 | 406000 | 416000 | 364000 | 145000 | 219000 | 9168 | 4771 | 4397 | 1.36 | 17294 | 8953 | 8341 | 19305 | 11 |
| 24 | 2011 | R02000 | 青森県 | 1363000 | 641000 | 722000 | 1360000 | 640000 | 720000 | 168000 | 86000 | 83000 | 840000 | 414000 | 426000 | 355000 | 141000 | 214000 | 9531 | 4772 | 4759 | 1.38 | 16419 | 8679 | 7740 | 20089 | 11 |
| 25 | 2010 | R02000 | 青森県 | 1373339 | 646141 | 727198 | 1367057 | 643407 | 723650 | 171842 | 87585 | 84257 | 843587 | 414888 | 428699 | 352768 | 140636 | 212132 | 9711 | 4949 | 4762 | 1.38 | 16030 | 8552 | 7478 | 19963 | 11 |
| 26 | 2009 | R02000 | 青森県 | 1383000 | 651000 | 732000 | 1380000 | 650000 | 730000 | 173000 | 88000 | 85000 | 862000 | 424000 | 439000 | 344000 | 136000 | 208000 | 9523 | 4873 | 4650 | 1.26 | 15387 | 8312 | 7075 | 20700 | 12 |
| 27 | 2020 | R03000 | 岩手県 | 1210534 | 582952 | 627582 | 1194745 | 575610 | 619135 | 132447 | 67763 | 64684 | 658816 | 335037 | 323779 | 404359 | 170879 | 233480 | 6718 | 3415 | 3303 | 1.32 | 17204 | 8443 | 8761 | 15663 | 9 |
| 28 | 2019 | R03000 | 岩手県 | 1226000 | 590000 | 636000 | 1218000 | 587000 | 631000 | 137000 | 70000 | 67000 | 684000 | 350000 | 334000 | 406000 | 172000 | 234000 | 6974 | 3582 | 3392 | 1.35 | 17826 | 8816 | 9010 | 16555 | 9 |
| 29 | 2018 | R03000 | 岩手県 | 1240000 | 597000 | 643000 | 1234000 | 594000 | 639000 | 140000 | 72000 | 68000 | 697000 | 356000 | 341000 | 403000 | 170000 | 234000 | 7615 | 3853 | 3762 | 1.41 | 17390 | 8657 | 8733 | 16285 | 9 |
| 30 | 2017 | R03000 | 岩手県 | 1254000 | 603000 | 651000 | 1249000 | 602000 | 647000 | 144000 | 74000 | 70000 | 711000 | 363000 | 348000 | 400000 | 168000 | 232000 | 8175 | 4132 | 4043 | 1.47 | 17232 | 8658 | 8574 | 16658 | 9 |
| 31 | 2016 | R03000 | 岩手県 | 1268000 | 610000 | 658000 | 1262000 | 608000 | 654000 | 147000 | 75000 | 72000 | 726000 | 370000 | 356000 | 395000 | 165000 | 230000 | 8341 | 4296 | 4045 | 1.45 | 16959 | 8459 | 8500 | 17113 | 9 |
| 32 | 2015 | R03000 | 岩手県 | 1279594 | 615584 | 664010 | 1272745 | 613118 | 659627 | 150992 | 77222 | 73770 | 734886 | 373365 | 361521 | 386573 | 160565 | 226008 | 8814 | 4473 | 4341 | 1.49 | 16502 | 8275 | 8227 | 17636 | 10 |

SSDSE-B-2023

図4.5　サンプルデータ ( SSDSE、SSDSE-B-2023.xlsx)

## 4.2.1 北海道の人口動態をグラフ化する

ではまず、この情報を元に、北海道の人口動態をグラフ化してみましょう。

ChatGPTにSSDSE-B-2023.xlsxをアップロードして以下のプロンプトをChatGPTに送信してみます。プロンプトに人口動態という言葉を使ってみました。

● **Your prompt**

以下の手順で作業を行ってください。

1. アップロードされた "SSDSE-B-2023.xlsx" ファイルからDataFrameを作成してください。
2. DataFrameの先頭の行を出力してください。
3. DataFrameの構造とそのデータの内容について説明してください。
4. DataFrameのデータを元に、北海道の2010年から2020年の総人口を人口動態としてグラフ化するためのスクリプトを生成してください。

Excelのデータは2行目以降を使用してください。
単位は100万人として表示するようにしてください。
2行目がヘッダーであり、3行目以降は年度別の各都道府県の統計情報になっています。
スクリプトのコメントや応答は日本語で行ってください。

以下の応答が得られました。人口動態も理解されています。

● **ChatGPT response**

```
import pandas as pd

# ExcelファイルからDataFrameを作成
df = pd.read_excel('/mnt/data/SSDSE-B-2023.xlsx', skiprows=1)

# DataFrameの先頭の行を出力
df.head()
```

| | 年度 | 地域コード | 都道府県 | 総人口 | 総人口（男） | 総人口（女） | 日本人人口 | 日本人人口（男） | 日本人人口（女） |
|---|---|---|---|---|---|---|---|---|---|
| 0 | 2020 | R01000 | 北海道 | 5224614 | 2465088 | 2759526 | 5151366 | 2429697 | 2721669 |
| 1 | 2019 | R01000 | 北海道 | 5259000 | 2480000 | 2780000 | 5223000 | 2464000 | 2759000 |
| 2 | 2018 | R01000 | 北海道 | 5293000 | 2495000 | 2798000 | 5262000 | 2482000 | 2780000 |
| 3 | 2017 | R01000 | 北海道 | 5325000 | 2510000 | 2815000 | 5298000 | 2499000 | 2799000 |
| 4 | 2016 | R01000 | 北海道 | 5355000 | 2523000 | 2831000 | 5330000 | 2514000 | 2817000 |

| | 15歳未満人口 | ... | 食料費（二人以上の世帯） | 住居費（二人以上の世帯） | 光熱・水道費（二人以上の世帯） |
|---|---|---|---|---|---|
| 0 | 555804 | ... | 77680 | 27305 | 27309 |
| 1 | 565000 | ... | 72912 | 20862 | 26332 |
| 2 | 577000 | ... | 69044 | 19089 | 27012 |
| 3 | 588000 | ... | 69640 | 24217 | 25633 |
| 4 | 600000 | ... | 69445 | 17071 | 24438 |

|  | 家具・家事用品費（二人以上の世帯） | 被服及び履物費（二人以上の世帯） | 保健医療費（二人以上の世帯） | 交通・通信費（二人以上の世帯）　\\ |
|---|---|---|---|---|
| 0 | 12255 | 9227 | 14251 | 41407 |
| 1 | 9895 | 10466 | 16466 | 42277 |
| 2 | 8845 | 11517 | 11437 | 39308 |
| 3 | 10550 | 11222 | 12242 | 39559 |
| 4 | 9533 | 11106 | 12431 | 43681 |

|  | 教育費（二人以上の世帯） | 教養娯楽費（二人以上の世帯） | その他の消費支出（二人以上の世帯） |
|---|---|---|---|
| 0 | 9394 | 26539 | 56316 |
| 1 | 8848 | 29335 | 57289 |
| 2 | 10825 | 26991 | 56984 |
| 3 | 9837 | 26797 | 57003 |
| 4 | 10751 | 29305 | 59564 |

```
[5 rows x 112 columns]
```

DataFrameの構造とデータの内容について説明します。
列数：112列　行数：5行（先頭の5行を表示）列名：年度、地域コード、都道府県、総人口、総人口（男）、総人口（女）、日本人人口、日本人人口（男）、日本人人口（女）、15歳未満人口、...、その他の消費支出（二人以上の世帯）データ内容：各都道府県の年度別の統計情報で、総人口や年齢別人口、消費支出などのさまざまな指標が含まれています。　次に、北海道の2010年から2020年の総人口を人口動態としてグラフ化するためのスクリプトを生成します。単位は100万人とします。

```
import matplotlib.pyplot as plt
```
 スクリプト略

グラフを描画しました。こちらが北海道の2010年から2020年の総人口動態を表したグラフです。総人口は時間の経過とともに減少していることが確認できます。単位は百万人として表示されています。

……………………………………………………………………………………………

100万人単位ということも忘れずに処理されています。
　では、こちらのChatGPTに対し、最終的に実行可能なスクリプトを出力してもらいましょう。同じスレッドで以下のプロンプトをChatGPTに送信します。

● **Your prompt**

最終的に実行可能なスクリプトを出力し直してください。

すると、以下の応答が得られました。スクリプトがはっきりわかります。

● **ChatGPT response**

以下に、最終的に実行可能なスクリプトを出力します。

sample `4_2_1/main.py`

```python
import pandas as pd
import matplotlib.pyplot as plt
```
← ここにライブラリを追記する

```python
# Excel ファイルから DataFrame を作成
df = pd.read_excel('SSDSE-B-2023.xlsx', skiprows=1)
```
← ここは修正する

```python
# 北海道のデータを抽出し、2010年から2020年のデータを選択
hokkaido_df = df[df['都道府県'] == '北海道']
hokkaido_df = hokkaido_df[hokkaido_df['年度'].between(2010, 2020)]

# 総人口を100万人単位に変換
hokkaido_df['総人口（百万人）'] = hokkaido_df['総人口'] / 1000000

# グラフ描画
plt.figure(figsize=(10, 6))
plt.plot(hokkaido_df['年度'], hokkaido_df['総人口（百万人）'], marker='o')
plt.title('北海道の2010年から2020年の総人口動態（単位：百万人）')
plt.xlabel('年度')
plt.ylabel('総人口（百万人）')
plt.grid(True)
plt.show()
```
ここまで `4_2_1/main.py`

このスクリプトを実行すると、北海道の2010年から2020年の総人口動態を表すグラフが表示されます。

こちらの応答を参考に、グラフからWord文書を作成するスクリプトを作成していこうと思います。Visual Studio Codeを開き、4_2_1というフォルダを作成し、その中にmain.pyというファイルを作

成してください。

　そして、上記のChatGPTのスクリプトをmain.pyに貼り付けます。また、Excelのファイルを
dataフォルダに手動で配置し、スクリプトのファイルパスもそれに合うように変更します。ファイ
ルのパスはdata/SSDSE-B-2023.xlsxに修正します。日本語に対応するため、import japanize_
matplotlibを追加します。以下の箇所です。

```python
import pandas as pd
import matplotlib.pyplot as plt
import japanize_matplotlib        ◀········ ライブラリを追加

# ExcelファイルからDataFrameを作成
df = pd.read_excel('data/SSDSE-B-2023.xlsx', skiprows=1)        ◀········ ファイルパスを修正
```

　では、このスクリプトを実行してみましょう。ターミナルで以下のコマンドを実行し、Pythonスク
リプトを実行します。

```
python 4_2_1/main.py
```

　すると、以下の図が表示されました。

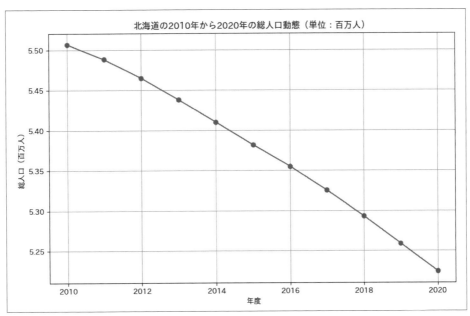

図4.6　北海道の総人口グラフ（縦の罫線が2年単位）

　北海道の総人口が年々減少していることがわかります。先ほどとは異なり、軸の罫線が自動で入っています。ChatGPTでは、同じようなことが同じ結果にならないことがわかります。

　こちらの図では、縦の罫線が2年単位で記入されているので、1年単位で記入するように修正してみましょう。以下のプロンプトをChatGPTに送信します。

● **Your prompt**
以下のスクリプトを、縦の罫線を1年単位で記入するように修正してください。

> ここには4_2_1/main.py のスクリプト

以下の応答が得られました。

　プロンプトにスクリプトを貼ったので、先ほどの修正が反映され、そのまま使えるようになっています。

● **ChatGPT response**
以下のスクリプトは、縦の罫線を1年単位で追加するように修正されています。

📋 sample  `4_2_1_2/main.py`

```python
import pandas as pd
import matplotlib.pyplot as plt
import japanize_matplotlib

# ExcelファイルからDataFrameを作成
df = pd.read_excel('data/SSDSE-B-2023.xlsx', skiprows=1)

# 北海道のデータを抽出し、2010年から2020年のデータを選択
hokkaido_df = df[df['都道府県'] == '北海道']
hokkaido_df = hokkaido_df[hokkaido_df['年度'].between(2010, 2020)]

# 総人口を100万人単位に変換
hokkaido_df['総人口（百万人）'] = hokkaido_df['総人口'] / 1000000

# グラフ描画
plt.figure(figsize=(10, 6))
plt.plot(hokkaido_df['年度'], hokkaido_df['総人口（百万人）'], marker='o')
plt.title('北海道の2010年から2020年の総人口動態（単位：百万人）')
plt.xlabel('年度')
plt.ylabel('総人口（百万人）')
```

```
#  縦の罫線を1年単位で追加  ◀············ 追加された
plt.xticks(hokkaido_df['年度'])
plt.grid(axis='x')

plt.show()
```
ここまで  4_2_1_2/main.py

では、こちらのスクリプトを使用してみましょう。Visual Studio Codeを開き、4_2_1_2というフォルダを作成し、その中にmain.pyというファイルを作成してください。そして、上記のChatGPTのスクリプトをmain.pyに貼り付けてください。

そして、ターミナルに以下のコマンドを記入し、Pythonスクリプトを実行します。

```
python 4_2_1_2/main.py
```

実行すると、以下の図が表示されました。

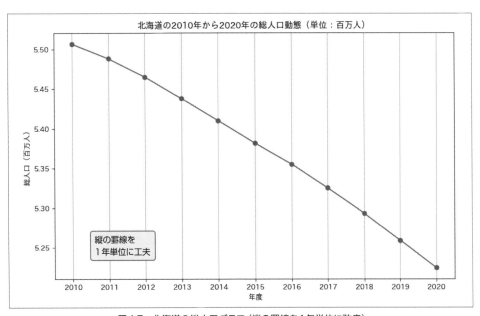

**図4.7**　北海道の総人口グラフ（縦の罫線を1年単位に改良）

プロンプトで指定した通り、1年単位で縦の罫線が記入されていることがわかります。このようにして、得られたスクリプトに対して軽微な修正を行わせることも簡単です。

## 4.2.2　関東地方の都県の人口動態をグラフ化する

では次は、北海道ではなく、関東地方の都県について人口動態をグラフ化してみてみましょう。先ほどと同じスレッドで以下のプロンプトをChatGPTに送信します。

● **Your prompt**

次は、北海道ではなく、関東地方の都県（茨城県、栃木県、群馬県、埼玉県、千葉県、東京都、神奈川県）に対して同様の処理を行い、1つのグラフで各都県の人口動態を確認できるようにするためのスクリプトを作成してください。

以下の応答が得られました。

同じスレッドなのでデータなどを示さずに、簡単なプロンプトで済んでいます。しかし、以下のようにスクリプトが完成していないことにもなり得ます。

● **ChatGPT response**

```
# 関東地方の都県のリスト
kanto_prefectures = ['茨城県', '栃木県', '群馬県', '埼玉県', '千葉県', '東京都', '神奈川県']

# 関東地方のデータを抽出し、2010年から2020年のデータを選択
kanto_df = df[df['都道府県'].isin(kanto_prefectures)]
kanto_df = kanto_df[kanto_df['年度'].between(2010, 2020)]

# 総人口を100万人単位に変換
kanto_df['総人口（百万人）'] = kanto_df['総人口'] / 1000000

# グラフ描画
plt.figure(figsize=(12, 8))
for prefecture in kanto_prefectures:
    prefecture_df = kanto_df[kanto_df['都道府県'] == prefecture]
    plt.plot(prefecture_df['年度'], prefecture_df['総人口（百万人）'], marker='o', label=prefecture)

plt.title('関東地方の都県の2010年から2020年の総人口動態（単位：百万人）')
plt.xlabel('年度')
plt.ylabel('総人口（百万人）')
plt.legend()
plt.grid(True)
plt.show()
```

グラフを描画しました。これは関東地方の都県（茨城県、栃木県、群馬県、埼玉県、千葉県、東京都、神奈川県）の2010年から2020年の総人口動態を表しています。各都県の人口動態が一つのグラフで確認できるようになっています。総人口は百万人単位で表示されています。

◁》 📋 ⊠ ⋯⋯⋯⋯⋯⋯⋯⋯⋯⋯⋯⋯⋯⋯⋯⋯⋯⋯⋯⋯⋯⋯⋯⋯⋯⋯⋯⋯⋯⋯⋯⋯⋯⋯⋯⋯⋯⋯⋯⋯⋯⋯⋯⋯

そこで今回も最終的に実行可能なスクリプトを出力してもらいましょう。同じスレッドで以下のプロンプトをChatGPTに送信します。

● **Your prompt**

最終的に実行可能なスクリプトを出力し直してください。

すると、以下の応答が得られました。実行可能そうなスクリプトです。

● **ChatGPT response** ⋯⋯⋯⋯⋯⋯⋯⋯⋯⋯⋯⋯⋯⋯⋯⋯⋯⋯⋯⋯⋯⋯⋯⋯⋯⋯⋯⋯⋯⋯⋯⋯⋯⋯⋯⋯⋯⋯

以下に、関東地方の都県の2010年から2020年の総人口動態を表すグラフを描画するための最終的な実行可能なスクリプトを出力します。

📄 sample 4_2_2/main.py

```python
import pandas as pd
import matplotlib.pyplot as plt
```
◀⋯⋯⋯⋯⋯ ここにライブラリを追加

```python
# ExcelファイルからDataFrameを作成
df = pd.read_excel('SSDSE-B-2023.xlsx', skiprows=1)
```
◀⋯⋯⋯⋯⋯ ここを修正する

```python
# 関東地方の都県のリスト
kanto_prefectures = ['茨城県', '栃木県', '群馬県', '埼玉県', '千葉県', '東京都', '神奈川県']

# 関東地方のデータを抽出し、2010年から2020年のデータを選択
kanto_df = df[df['都道府県'].isin(kanto_prefectures)]
kanto_df = kanto_df[kanto_df['年度'].between(2010, 2020)]

# 総人口を100万人単位に変換
kanto_df['総人口（百万人）'] = kanto_df['総人口'] / 1000000

# グラフ描画
```

```python
plt.figure(figsize=(12, 8))
for prefecture in kanto_prefectures:
    prefecture_df = kanto_df[kanto_df['都道府県'] == prefecture]
     plt.plot(prefecture_df['年度'], prefecture_df['総人口（百万人）'], marker='o',
label=prefecture)

plt.title('関東地方の都県の2010年から2020年の総人口動態（単位：百万人）')
plt.xlabel('年度')
plt.ylabel('総人口（百万人）')
plt.legend()
plt.grid(True)
plt.show()
```

ここまで　4_2_2/main.py

このスクリプトを実行すると、関東地方の都県の2010年から2020年の総人口動態を表すグラフが表示されます。

ChatGPTが実行可能なスクリプトを作成しました。

　こちらのChatGPTのスクリプトを参考に、グラフからWord文書を作成するスクリプトを作成していこうと思います。Visual Studio Codeを開き、4_2_2というフォルダを作成し、その中にmain.pyというファイルを作成してください。

　そして、上記のChatGPTのスクリプトをmain.pyに貼り付けます。また、SSDSE-B-2023.xlsxのExcelのファイルをdataフォルダに手動で配置し、コードのファイルパスもそれに合うように変更します。ファイルのパスをdata/SSDSE-B-2023.xlsxに修正します。日本語に対応するため、import japanize_matplotlibを追加します。以下の箇所です。

```python
import pandas as pd
import matplotlib.pyplot as plt
import japanize_matplotlib                          ◀┈┈┈┈┈ ライブラリを追加

# ExcelファイルからDataFrameを作成
df = pd.read_excel('data/SSDSE-B-2023.xlsx', skiprows=1)   ◀┈┈┈┈┈ ファイルパスを修正
```

　では、このスクリプトを実行してみましょう。

　ターミナルに以下のコマンドを入力し、Pythonスクリプトを実行します。

```
python 4_2_2/main.py
```

すると、以下の画像が表示されました。

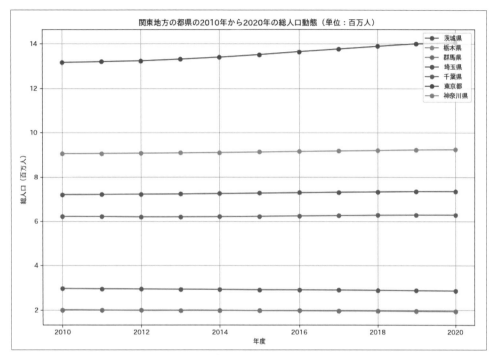

**図4.8　1つのグラフで各都県の人口動態を確認**

この図によると、東京以外の県は人口の変動があまりないということが容易にわかります。

また、このグラフの横の罫線は2百万人単位で記入されていますが、より細かい単位で確認できるように、先ほどと同じように百万人単位で横の罫線を記入するよう修正してみましょう。

以下のプロンプトをChatGPTに送信します。横罫でもいいと思いますが「横の罫線」としました。なお、「100万」も「百万」も同じに捉えます。

● **Your prompt**

以下のスクリプトを、百万人単位で横の罫線を記入するように修正してください。

　　ここには4_2_2/main.py のスクリプト

以下の応答が得られました。

先ほどのスクリプトを利用したので、修正せずに実行可能なものができました。

● **ChatGPT response** ⋯⋯⋯⋯⋯⋯⋯⋯⋯⋯⋯⋯⋯⋯⋯⋯⋯⋯⋯⋯⋯⋯⋯⋯⋯⋯⋯⋯⋯⋯⋯

以下のスクリプトは、横の罫線を百万人単位で記入するように修正されています。

📄 sample `4_2_2_2/main.py`

```python
import pandas as pd
import matplotlib.pyplot as plt
import japanize_matplotlib
from matplotlib.ticker import MultipleLocator

# ExcelファイルからDataFrameを作成
df = pd.read_excel('data/SSDSE-B-2023.xlsx', skiprows=1)

# 関東地方の都県のリスト
kanto_prefectures = ['茨城県', '栃木県', '群馬県', '埼玉県', '千葉県', '東京都', '神奈川県']

# 関東地方のデータを抽出し、2010年から2020年のデータを選択
kanto_df = df[df['都道府県'].isin(kanto_prefectures)]
kanto_df = kanto_df[kanto_df['年度'].between(2010, 2020)]

# 総人口を100万人単位に変換
kanto_df['総人口（百万人）'] = kanto_df['総人口'] / 1000000

# グラフ描画
plt.figure(figsize=(12, 8))
for prefecture in kanto_prefectures:
    prefecture_df = kanto_df[kanto_df['都道府県'] == prefecture]
    plt.plot(prefecture_df['年度'], prefecture_df['総人口（百万人）'], marker='o',
label=prefecture)

plt.title('関東地方の都県の2010年から2020年の総人口動態（単位：百万人）')
plt.xlabel('年度')
plt.ylabel('総人口（百万人）')
plt.legend()
plt.grid(True)

# 横の罫線を百万人単位で追加
plt.gca().yaxis.set_major_locator(MultipleLocator(1))   # 1百万人単位で罫線を表示
```

```
plt.show()
```

ここまで　4_2_2_2/main.py

では、こちらのスクリプトを使用してみましょう。Visual Studio Codeを開き、4_2_2_2というフォルダを作成し、その中にmain.pyというファイルを作成してください。そして、上記のChatGPTのスクリプトをmain.pyに貼り付けてください。

そして、ターミナルに以下のコマンドを入力し、Pythonスクリプトを実行します。

```
python 4_2_2_2/main.py
```

実行すると、以下の図が表示されました。プロンプトで指定した通り、百万人単位で横の罫線が記入されていることがわかります。

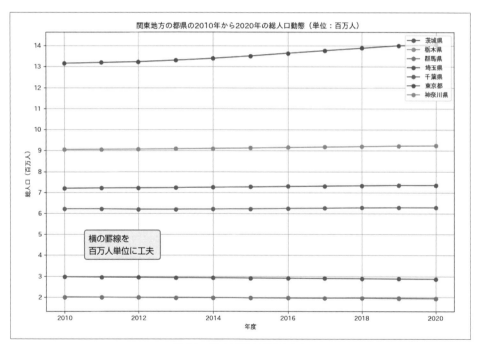

図4.9　横罫を百万人単位にした

この節では、ChatGPTを使用してExcelのデータから人口動態に関する洞察を得るためのグラフを作成するためのスクリプトを作成する方法を学びました。

このように、Excelで行うと時間がかかってしまう作業でも、Pythonを使用することで、短時間か

つ、何度も繰り返し行うことができます。また、ChatGPTを使用することで、スクリプトも簡単に作成することができるため、データサイエンティストのような専門的な経験を積んでいなくてもこのような分析を簡単に行うことができます。

## 4.3 実習1：地域別人口動態の分析 -人口増減と高齢化率の関係を解明する

　この実習では、地域別の人口データを使用して、人口増減と高齢化率の関係について分析します。具体的には、SSDSE-B-2023.xlsxという、様々な分野の都道府県別・時系列データを集めたデータセットを使用して、人口増減と高齢化率の関係についての分析に役立つグラフを作成し、そのグラフを元に人口増減と高齢化率の関係について考えてみたいと思います。

### 4.3.1　グラフの作成と分析

　まずはファイルのデータを元にグラフを作成してみましょう。

　ChatGPTにSSDSE-B-2023.xlsxのファイルをアップロードして、以下のプロンプトをChatGPTに送信します。

● **Your prompt**
以下の手順で作業を行ってください。

1．アップロードされた "SSDSE-B-2023.xlsx" ファイルからDataFrameを作成してください。
2．DataFrameの先頭の行を出力してください。
3．DataFrameの構造とそのデータの内容について説明してください。
4．北海道の2010年から2020年の「総人口」と「15〜64歳人口」と「65歳以上人口」のデータを元に、人口増減と高齢化率の関係についての分析に役立つグラフを作成するためのスクリプトを作成してください。

Excelのデータは2行目以降を使用してください。
単位は10万人として表示するようにしてください。
2行目がヘッダーであり、3行目以降は年度別の各都道府県の統計情報になっています。
スクリプトのコメントや応答は日本語で行ってください。

　以下の応答が得られました。データも表示しているので長い応答です。

● **ChatGPT response** ························································

```python
import pandas as pd

# 1. アップロードされた "SSDSE-B-2023.xlsx" ファイルからDataFrameを作成
df = pd.read_excel("/mnt/data/SSDSE-B-2023.xlsx", header=1)

# 2. DataFrameの先頭の行を出力
first_row = df.head(1)

first_row
```

```
年度　　地域コード　都道府県　　　　総人口　総人口（男）　総人口（女）　　　日本人人口　日本人人
口（男）　日本人人口（女）　\\
0　2020　R01000　北海道　5224614　2465088　2759526　5151366　2429697　2721669

　　15歳未満人口　 ...　食料費（二人以上の世帯）　住居費（二人以上の世帯）　光熱・水道費（二人
以上の世帯）　\\
0　　555804　 ...　　　　　77680　　　　　　27305　　　　　　　27309

　　家具・家事用品費（二人以上の世帯）　被服及び履物費（二人以上の世帯）　保健医療費（二人以上
の世帯）　交通・通信費（二人以上の世帯）　\\
0　　　　　　12255　　　　　　　9227　　　　　　14251　　　　　41407

　　教育費（二人以上の世帯）　教養娯楽費（二人以上の世帯）　その他の消費支出（二人以上の世帯）
0　　　　　9394　　　　26539　　　　　　56316

[1 rows x 112 columns]
```

DataFrameの先頭の行は以下のようになっています。
```
年度 地域コード 都道府県 総人口　　総人口（男）総人口（女）... その他の消費支出(二人以上の世帯)
2020 R01000　　北海道　5224614 2465088　　2759526　 ... 56316
```
このDataFrameには、年度、地域コード、都道府県、総人口、総人口（男）、総人口（女）など、112列
の統計情報が含まれています。データは年度別の各都道府県の統計情報を表しており、様々な人口統計
や経済指標が含まれています。
次に、北海道の2010年から2020年の「総人口」と「15〜64歳人口」と「65歳以上人口」のデータを元に、
人口増減と高齢化率の関係についての分析に役立つグラフを作成するスクリプトを作成します。

```python
import matplotlib.pyplot as plt
```
　スクリプト略

```
plt.show()
```

グラフでは、北海道の総人口（青色）、15 〜 64歳人口（緑色）、65歳以上人口（赤色）が2010年から2020年にかけてどのように変化したかを示しています。また、高齢化率（紫色の点線）も併せて表示しています。

このグラフから、北海道の総人口と15 〜 64歳人口は減少傾向にある一方で、65歳以上人口は増加しており、高齢化率も上昇していることがわかります。これは、人口減少と高齢化が進行していることを示しています。

もし他の分析やグラフの作成が必要であれば、お知らせください。

こちらの応答に対し、最終的に実行可能なスクリプトを出力してもらいましょう。
同じスレッドで以下のプロンプトをChatGPTに送信します。

● **Your prompt**
最終的に実行可能なスクリプトを出力し直してください。

すると、以下の応答が得られました。少なくともファイルパスは修正が必要です。

● **ChatGPT response** ············································································
以下に、最終的な実行可能なスクリプトを示します。

 sample 4_3_1/main.py

```python
import pandas as pd
import matplotlib.pyplot as plt
```
◀·············· ここにライブラリを追加

```python
# アップロードされた "SSDSE-B-2023.xlsx" ファイルからDataFrameを作成
df = pd.read_excel("/mnt/data/SSDSE-B-2023.xlsx", header=1)
```
◀·············· ここを修正する

```python
# 北海道の2010年から2020年の「総人口」と「15 〜 64歳人口」と「65歳以上人口」のデータを抽出
hokkaido_df = df[df['都道府県'] == '北海道']
hokkaido_df = hokkaido_df[hokkaido_df['年度'].between(2010, 2020)]
hokkaido_df = hokkaido_df[['年度', '総人口', '15 〜 64歳人口', '65歳以上人口']]

# 単位を10万人に変換
hokkaido_df[['総人口', '15 〜 64歳人口', '65歳以上人口']] = hokkaido_df[['総人口', '15 〜 64歳人口', '65歳以上人口']] / 100000
```

```python
# 高齢化率の計算
hokkaido_df['高齢化率'] = hokkaido_df['65歳以上人口'] / hokkaido_df['総人口'] * 100

# グラフの作成
fig, ax1 = plt.subplots(figsize=(10, 6))

# 人口のプロット
ax1.plot(hokkaido_df['年度'], hokkaido_df['総人口'], label='総人口', color='blue')
ax1.plot(hokkaido_df['年度'], hokkaido_df['15～64歳人口'], label='15～64歳人口',
color='green')
ax1.plot(hokkaido_df['年度'], hokkaido_df['65歳以上人口'], label='65歳以上人口',
color='red')
ax1.set_xlabel('年度')
ax1.set_ylabel('人口（10万人）')
ax1.set_title('北海道の人口増減と高齢化率の関係（2010年～2020年）')
ax1.legend(loc='upper left')

# 高齢化率のプロット
ax2 = ax1.twinx()
ax2.plot(hokkaido_df['年度'], hokkaido_df['高齢化率'], label='高齢化率',
color='purple', linestyle='--')
ax2.set_ylabel('高齢化率（%）')
ax2.legend(loc='upper right')

plt.show()
```

ここまで  **4_3_1/main.py**

このスクリプトを実行すると、北海道の人口増減と高齢化率の関係についてのグラフが表示されます。

こちらの応答を参考に、グラフからWord文書を作成するスクリプトを作成していこうと思います。Visual Studio Codeを開き、4_3_1というフォルダを作成し、その中にmain.pyというファイルを作成してください。

そして、上記のChatGPTのスクリプトをmain.pyに貼り付けます。また、data/SSDSE-B-2023.xlsxのExcelのファイルをdataフォルダに手動で配置し、スクリプトのファイルパスもそれに合うように変更します。ファイルのパスをdata/SSDSE-B-2023.xlsxに修正します。日本語に対応するため、import japanize_matplotlibを追加します。以下の箇所です。

```
import pandas as pd
import matplotlib.pyplot as plt
import japanize_matplotlib                    ◀············ ライブラリを追加

# アップロードされた 'SSDSE-B-2023.xlsx' ファイルからDataFrameを作成
df = pd.read_excel('data/SSDSE-B-2023.xlsx', header=1)    ◀············ ファイルパスを修正
```

では、このスクリプトを実行してみましょう。ターミナルに以下のコマンドを入力し、Pythonスクリプトを実行します。

```
python 4_3_1/main.py
```

すると、以下の画像が表示されました。

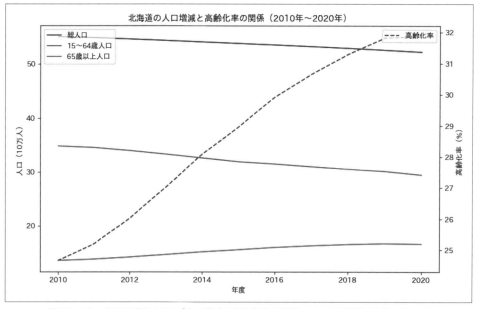

図4.9　ChatGPTに考えさせた「人口増減と高齢化率の関係についての分析に役立つグラフ」

　このグラフから、北海道の総人口と15 ～ 64歳人口は減少傾向にあり、65歳以上人口は増加傾向にあることがわかります。特に、15 ～ 64歳人口の減少が顕著であり、これは生産年齢層の人口が減少していることを示しています。一方、65歳以上人口の増加は、高齢者の割合が増えていることを意味し、高齢化率の上昇につながっています。このように、人口の減少と高齢化の進行が同時に起こっていることが確認できます。

このグラフから得られる知見は、地域の社会保障政策や労働市場の対策を考える上で重要な意味を持ちます。例えば、生産年齢層の減少は労働力不足を引き起こす可能性があり、高齢化の進行は医療や介護サービスへの需要増加を意味します。これらの課題に対応するためには、政策立案者や地域コミュニティがデータに基づいた適切な戦略を立てる必要があります。

練習のため、上記の図のY軸の第1軸と第2軸を交換する方法についても試してみましょう。以下のプロンプトをChatGPTに送信します。

● **Your prompt**
以下のスクリプトを、Y軸の第1軸と第2軸を交換するように修正してください。

　　　ここには4_3_1/main.py のスクリプト

以下の応答が得られました。スクリプトをプロンプトに入れたので、実行可能なスクリプトができました。

● **ChatGPT response**
以下のスクリプトは、Y軸の第1軸と第2軸を交換したバージョンです。

　▶ sample　4_3_1_2/main.py

```python
import pandas as pd
import matplotlib.pyplot as plt
import japanize_matplotlib

# アップロードされた "SSDSE-B-2023.xlsx" ファイルからDataFrameを作成
df = pd.read_excel("data/SSDSE-B-2023.xlsx", header=1)

# 北海道の2010年から2020年の「総人口」と「15～64歳人口」と「65歳以上人口」のデータを抽出
hokkaido_df = df[df['都道府県'] == '北海道']
hokkaido_df = hokkaido_df[hokkaido_df['年度'].between(2010, 2020)]
hokkaido_df = hokkaido_df[['年度', '総人口', '15～64歳人口', '65歳以上人口']]

# 単位を10万人に変換
hokkaido_df[['総人口', '15～64歳人口', '65歳以上人口']] = hokkaido_df[['総人口', '15～64歳人口', '65歳以上人口']] / 100000

# 高齢化率の計算
hokkaido_df['高齢化率'] = hokkaido_df['65歳以上人口'] / hokkaido_df['総人口'] * 100
```

```
# グラフの作成
fig, ax2 = plt.subplots(figsize=(10, 6))

# 高齢化率のプロット
ax2.plot(hokkaido_df['年度'], hokkaido_df['高齢化率'], label='高齢化率',
color='purple', linestyle='--')
ax2.set_xlabel('年度')
ax2.set_ylabel('高齢化率（%）')
ax2.set_title('北海道の人口増減と高齢化率の関係（2010年〜2020年）')
ax2.legend(loc='upper left')

# 人口のプロット
ax1 = ax2.twinx()
ax1.plot(hokkaido_df['年度'], hokkaido_df['総人口'], label='総人口', color='blue')
ax1.plot(hokkaido_df['年度'], hokkaido_df['15〜64歳人口'], label='15〜64歳人口',
color='green')
ax1.plot(hokkaido_df['年度'], hokkaido_df['65歳以上人口'], label='65歳以上人口',
color='red')
ax1.set_ylabel('人口（10万人）')
ax1.legend(loc='upper right')

plt.show()
```

ここまで　4_3_1_2/main.py

　では、こちらのスクリプトを使用してみましょう。Visual Studio Codeを開き、4_3_1_2というフォルダを作成し、その中にmain.pyというファイルを作成してください。そして、上記のChatGPTのスクリプトをmain.pyに貼り付けてください。

　そして、ターミナルに以下のコマンドを記入し、Pythonスクリプトを実行します。

```
python 4_3_1_2/main.py
```

　実行すると、以下の図が表示されました。

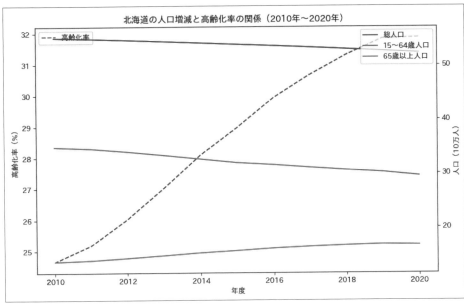

図4.10　図4.9の第1軸と第2軸を交換した図

プロンプトで指定した通り、Y軸の第1軸と第2軸が交換されていることがわかります。このような作業でも、ChatGPTとPythonを使用することで簡単に行うことができます。

この節では、地域別の人口データを使用して、人口増減と高齢化率の関係について分析しました。具体的には、SSDSE-B-2023.xlsxというデータセットを使用して、北海道の2010年から2020年までの「総人口」と「15 〜 64歳人口」と「65歳以上人口」のデータを抽出し、それを元にグラフを作成しました。このように、ChatGPTとPythonを活用することで、データに基づいた意思決定を行うために必要な情報の整理などを簡単に行うことができるようになります。

## 4.4 実習2：地域別産業構造の分析 -就業者数と主要産業の関連性を探る

この実習では、各地域の産業構造とその就業者数の関連性を分析します。SSDSE-A-2023.xlsxという、様々な分野の市区町村別データを集めたデータセットを使用して、地域ごとの主要産業とその就業者数を分析し、何がその地域の経済を支えているのかを明らかにします。

### 4.4.1　データの絞り込み

今回は少し複雑な作業になるため、まずはどのカラムを元に分析を行っていくかを決めましょう。そして、分析するカラムに絞り込んで、必要な情報だけが記載されたファイルを作成します。

ChatGPTにSSDSE-A-2023.xlsxのファイルをアップロードして、以下のプロンプトをChatGPTに送信します。

● **Your prompt**

以下の手順で作業を行ってください。
1．アップロードされた "SSDSE-A-2023.xlsx" ファイルの「2列目」「3列目」「58から76列目まで」のデータからDataFrameを作成してください。
2．DaraFrameをExcelファイルとして出力してください。

Excelのデータは3行目以降を使用してください。
スクリプトのコメントや応答は日本語で行ってください。

　以下の応答が得られました。これまでにもありましたが、特に求めていないスクリプトも作られ、Excelファイルが出力されました。

● **ChatGPT response**

`sample` `4_4_1/main.py`

```python
import pandas as pd

# Excelファイルを読み込み、必要な列を選択
file_path = '/mnt/data/SSDSE-A-2023.xlsx'          ◀········ ここは修正する
df = pd.read_excel(file_path, usecols=[1, 2] + list(range(57, 76)), skiprows=2)

# 新しいExcelファイルとして出力
output_path = '/mnt/data/selected_columns.xlsx''    ◀········ ここは修正する
df.to_excel(output_path, index=False)

output_path
```

`ここまで 4_4_1/main.py`

指定された列のデータを含むDataFrameを作成し、Excelファイルとして出力しました。出力されたファイルはこちらからダウンロードできます。

🔊 📋 ⊠ ·······································································································

　ChatGPTが整形済みのファイルを出力してくれました。こちらを使用してもよいのですが、毎回ChatGPTに頼む必要があるので、スクリプトでも作成してみましょう。
　Visual Studio Codeを開き、4_4_1というフォルダを作成し、その中にmain.pyというファイルを作成してください。

　そして、上記のChatGPTのスクリプトをmain.pyに貼り付けます。また、Excelのファイルをdataフォルダに配置し、コードのファイルパスもそれに合うように変更します。ファイルのパスをdata/SSDSE-A-2023.xlsxに修正します。また、出力先のフォルダとファイル名もカスタマイズします。以下の箇所です。

```
# Excelファイルを読み込み、必要な列を選択
file_path = 'data/SSDSE-A-2023.xlsx'              ◄········· 読み込み元のファイルパスを修正

# 新しいExcelファイルとして出力
output_path = 'data/地域別の産業別従業者数.xlsx'      ◄········· 出力先のファイルパスを修正
df.to_excel(output_path, index=False)
```

　では、このスクリプトを実行してみましょう。ターミナルに以下のコマンドを入力し、Pythonスクリプトを実行します。

```
python 4_4_1/main.py
```

　出力されたファイルを確認してみると、以下のようなデータが入っていました。これで、分析に必要なデータのみに絞り込んだファイルが作成できました。

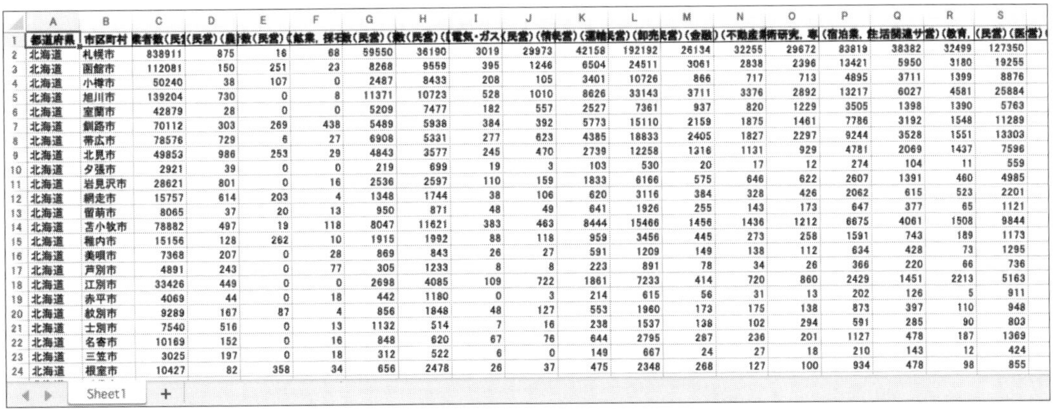

| | A | B | C | D | E | F | G | H | I | J | K | L | M | N | O | P | Q | R | S |
|---|---|---|---|---|---|---|---|---|---|---|---|---|---|---|---|---|---|---|---|
| 1 | 都道府県 | 市区町村 | 者数（民 | （民営 | （農業） | （民営 | （鉱業、採石業） | （民営 | （民営 | （電気・ガス | （民営 | （情報業） | （運輸業営） | （卸売業） | （金融 | （不動産業 | 術研究、専 | （宿泊業、 | 生活関連サ | （教育、 | （民営） | （医営） |
| 2 | 北海道 | 札幌市 | 838911 | 875 | 16 | 68 | 59550 | 36190 | 3019 | 29973 | 42158 | 192192 | 26134 | 32255 | 29672 | 83819 | 38382 | 32499 | 127350 |
| 3 | 北海道 | 函館市 | 112081 | 150 | 251 | 23 | 8268 | 9559 | 395 | 1246 | 6504 | 24511 | 3061 | 2838 | 2396 | 13421 | 5950 | 3180 | 19255 |
| 4 | 北海道 | 小樽市 | 50240 | 38 | 107 | 0 | 2487 | 8433 | 205 | 105 | 3401 | 10726 | 866 | 717 | 713 | 4895 | 3711 | 1399 | 8876 |
| 5 | 北海道 | 旭川市 | 139204 | 730 | 0 | 8 | 11371 | 10723 | 528 | 1010 | 8626 | 33143 | 3711 | 3376 | 2892 | 13217 | 6027 | 4581 | 25884 |
| 6 | 北海道 | 室蘭市 | 42879 | 28 | 0 | 0 | 5209 | 7477 | 182 | 557 | 2527 | 7361 | 937 | 820 | 1229 | 3505 | 1398 | 1390 | 5763 |
| 7 | 北海道 | 釧路市 | 70112 | 303 | 269 | 438 | 5489 | 5938 | 384 | 392 | 5773 | 15110 | 2159 | 1875 | 1461 | 7786 | 3192 | 1548 | 11289 |
| 8 | 北海道 | 帯広市 | 78576 | 729 | 6 | 27 | 6908 | 5331 | 277 | 623 | 4385 | 18833 | 2405 | 1827 | 2297 | 9244 | 3528 | 1551 | 13303 |
| 9 | 北海道 | 北見市 | 49853 | 986 | 253 | 29 | 4843 | 3577 | 245 | 470 | 2739 | 12258 | 1316 | 1131 | 929 | 4781 | 2069 | 1437 | 7596 |
| 10 | 北海道 | 夕張市 | 2921 | 39 | 0 | 0 | 219 | 699 | 19 | 3 | 103 | 530 | 20 | 17 | 12 | 274 | 104 | 11 | 559 |
| 11 | 北海道 | 岩見沢市 | 28621 | 801 | 0 | 16 | 2536 | 2597 | 110 | 159 | 1833 | 6166 | 575 | 646 | 622 | 2607 | 1391 | 460 | 4985 |
| 12 | 北海道 | 網走市 | 15757 | 614 | 203 | 4 | 1348 | 1744 | 38 | 106 | 620 | 3116 | 384 | 328 | 426 | 2062 | 615 | 523 | 2201 |
| 13 | 北海道 | 留萌市 | 8065 | 37 | 20 | 13 | 950 | 871 | 48 | 49 | 641 | 1926 | 255 | 143 | 173 | 647 | 377 | 65 | 1121 |
| 14 | 北海道 | 苫小牧市 | 78882 | 497 | 19 | 118 | 8047 | 11621 | 383 | 463 | 8444 | 15466 | 1456 | 1436 | 1212 | 6675 | 4061 | 1508 | 9844 |
| 15 | 北海道 | 稚内市 | 15156 | 128 | 262 | 10 | 1915 | 1992 | 88 | 118 | 959 | 3456 | 445 | 273 | 258 | 1591 | 743 | 189 | 1173 |
| 16 | 北海道 | 美唄市 | 7368 | 207 | 0 | 28 | 869 | 843 | 26 | 27 | 591 | 1209 | 149 | 138 | 112 | 634 | 428 | 73 | 1295 |
| 17 | 北海道 | 芦別市 | 4891 | 243 | 0 | 77 | 305 | 1233 | 8 | 8 | 223 | 891 | 78 | 34 | 26 | 366 | 220 | 66 | 736 |
| 18 | 北海道 | 江別市 | 33426 | 449 | 0 | 0 | 2698 | 4085 | 109 | 722 | 1861 | 7233 | 414 | 720 | 860 | 2429 | 1451 | 2213 | 5163 |
| 19 | 北海道 | 赤平市 | 4069 | 44 | 0 | 18 | 442 | 1180 | 0 | 3 | 214 | 615 | 56 | 31 | 13 | 202 | 126 | 5 | 911 |
| 20 | 北海道 | 紋別市 | 9289 | 167 | 87 | 4 | 856 | 1848 | 48 | 127 | 553 | 1960 | 173 | 175 | 138 | 873 | 397 | 110 | 948 |
| 21 | 北海道 | 士別市 | 7540 | 516 | 0 | 13 | 1132 | 514 | 7 | 16 | 238 | 1537 | 138 | 102 | 294 | 591 | 285 | 90 | 803 |
| 22 | 北海道 | 名寄市 | 10169 | 152 | 0 | 16 | 848 | 620 | 67 | 76 | 644 | 2795 | 287 | 236 | 201 | 1127 | 478 | 187 | 1369 |
| 23 | 北海道 | 三笠市 | 3025 | 197 | 0 | 18 | 312 | 522 | 6 | 0 | 149 | 667 | 24 | 27 | 18 | 210 | 143 | 12 | 424 |
| 24 | 北海道 | 根室市 | 10427 | 82 | 358 | 34 | 656 | 2478 | 26 | 37 | 475 | 2348 | 268 | 127 | 100 | 934 | 478 | 98 | 855 |

◄ ► | Sheet1 | +

**図4.11**　サンプルデータ（SSDSE-A-2023.xlsx）から必要なカラムを抜き出したデータ

## 4.4.2　グラフの作成と分析

　では次に、こちらのファイルのデータを元に、各市区町村の産業の従業員数の全体に占める割合を円グラフで表現してみましょう。今回は札幌市のデータに対して円グラフを作成していきます。

　ChatGPTに地域別の産業別従業者数.xlsxのファイルをアップロードして、以下のプロンプトを
ChatGPTに送信します。プロンプトの4番でseabornライブラリや円グラフを指定しました。

● **Your prompt**
以下の手順で作業を行ってください。

1. アップロードされた "地域別の産業別従業者数.xlsx" ファイルからDataFrameを作成して
ください。
2. DataFrameの先頭の行を出力してください。
3. DataFrameの構造とそのデータの内容について説明してください。
4. 北海道の札幌市の各産業の従業員数の全体に占める割合をseabornを使用して円グラフで表現
するためのスクリプトを作成してください。

スクリプトのコメントや応答は日本語で行ってください。

　以下の応答が得られました。データが表示されており、長めです。

● **ChatGPT response** ........................................................................................

```
import pandas as pd

# 1. アップロードされたファイルからDataFrameを作成
df = pd.read_excel('/mnt/data/地域別の産業別従業者数.xlsx')

# 2. DataFrameの先頭の行を出力
df.head()
```

| | 都道府県 | 市区町村 | 従業者数（民営） | 従業者数（民営）（農業，林業） | 従業者数（民営）（漁業） | 従業者数（民営）（鉱業，採石業，砂利採取業） | \\ |
|---|---|---|---|---|---|---|---|
| 0 | 北海道 | 札幌市 | 838911 | 875 | 16 | 68 | |
| 1 | 北海道 | 函館市 | 112081 | 150 | 251 | 23 | |
| 2 | 北海道 | 小樽市 | 50240 | 38 | 107 | 0 | |
| 3 | 北海道 | 旭川市 | 139204 | 730 | 0 | 8 | |
| 4 | 北海道 | 室蘭市 | 42879 | 28 | 0 | 0 | |

| | 従業者数（民営）（建設業） | 従業者数（民営）（製造業） | 従業者数（民営）（電気・ガス・熱供給・水道業） | 従業者数（民営）（情報通信業） | \\ |
|---|---|---|---|---|---|
| 0 | 59550 | 36190 | 3019 | 29973 | |
| 1 | 8268 | 9559 | 395 | 1246 | |
| 2 | 2487 | 8433 | 208 | 105 | |

| | | | | |
|---|---|---|---|---|
| 3 | 11371 | 10723 | 528 | 1010 |
| 4 | 5209 | 7477 | 182 | 557 |

|  | | 従業者数（民営）（卸売業, 小売業） | 従業者数（民営）（金融業, 保険業） | 従業者数（民営）（不動産業, 物品賃貸業）　\\ |
|---|---|---|---|---|
| 0 | ... | 192192 | 26134 | 32255 |
| 1 | ... | 24511 | 3061 | 2838 |
| 2 | ... | 10726 | 866 | 717 |
| 3 | ... | 33143 | 3711 | 3376 |
| 4 | ... | 7361 | 937 | 820 |

|  | 従業者数（民営）（学術研究, 専門・技術サービス業） | 従業者数（民営）（宿泊業, 飲食サービス業）　従業者数（民営）（生活関連サービス業, 娯楽業）　\\ | |
|---|---|---|---|
| 0 | 29672 | 83819 | 38382 |
| 1 | 2396 | 13421 | 5950 |
| 2 | 713 | 4895 | 3711 |
| 3 | 2892 | 13217 | 6027 |
| 4 | 1229 | 3505 | 1398 |

|  | 従業者数（民営）（教育, 学習支援業） | 従業者数（民営）（医療, 福祉）　従業者数（民営）（複合サービス事業）　\\ | |
|---|---|---|---|
| 0 | 32499 | 127350 | 7616 |
| 1 | 3180 | 19255 | 1412 |
| 2 | 1399 | 8876 | 545 |
| 3 | 4581 | 25884 | 1684 |
| 4 | 1390 | 5763 | 396 |

|  | 従業者数（民営）（サービス業（他に分類されないもの）) |
|---|---|
| 0 | 97140 |
| 1 | 9661 |
| 2 | 3013 |
| 3 | 11688 |
| 4 | 4100 |

```
[5 rows x 21 columns]
```
DataFrameの先頭の行は次のようになっています。

| 都道府県 | 市区町村 | 従業者数（民営） | 従業者数（民営）（農業, 林業） | 従業者数（民営）（漁業） | ... | 従業者数（民営）（サービス業（他に分類されないもの）) |
|---|---|---|---|---|---|---|
| 北海道 | 札幌市 | 838911 | 875 | 16 | ... | 97140 |
| 北海道 | 函館市 | 112081 | 150 | 251 | ... | 9661 |

| 北海道 | 小樽市 | 50240 | 38 | 107 | ... 3013 |
| 北海道 | 旭川市 | 139204 | 730 | 0 | ... 11688 |
| 北海道 | 室蘭市 | 42879 | 28 | 0 | ... 4100 |

DataFrameの構造とそのデータの内容についての説明：

このDataFrameには、都道府県、市区町村、従業者数（民営）および各産業別の従業者数が含まれています。

列には「都道府県」「市区町村」の他に、農業、林業、漁業、鉱業、建設業、製造業、電気・ガス・熱供給・水道業、情報通信業、運輸業、卸売業、小売業、金融業、保険業、不動産業、物品賃貸業、学術研究、専門・技術サービス業、宿泊業、飲食サービス業、生活関連サービス業、娯楽業、教育、学習支援業、医療、福祉、複合サービス事業、サービス業（他に分類されないもの）などの産業別の従業者数が含まれています。

北海道の札幌市の各産業の従業員数の全体に占める割合をseabornを使用して円グラフで表現するスクリプトは以下の通りです。

```
import seaborn as sns
```
　スクリプト略

このスクリプトを実行すると、札幌市の各産業における従業員数の全体に占める割合を示す円グラフが表示されます。

こちらの応答に対し、最終的に実行可能なスクリプトを出力してもらいましょう。

同じスレッドで以下のプロンプトをChatGPTに送信します。

● **Your prompt**
最終的に実行可能なスクリプトを出力し直してください。

すると、以下の応答が得られました。スクリプトがはっきりします。

● **ChatGPT response**
以下は、最終的に実行可能なスクリプトです。

 `sample` `4_4_2/main_a.py`

```python
import pandas as pd
import seaborn as sns
import matplotlib.pyplot as plt
```
◀┈┈┈┈ ここに追記する

```python
# 1. アップロードされたファイルからDataFrameを作成
df = pd.read_excel('/mnt/data/地域別の産業別従業者数.xlsx')
```
◀┈┈┈┈ ここは修正する

```
# 2. DataFrameの先頭の行を出力
print(df.head())

# 札幌市のデータを抽出
sapporo_data = df[df['市区町村'] == '札幌市'].iloc[0, 3:]

# 円グラフを描画
plt.figure(figsize=(10, 8))
plt.pie(sapporo_data, labels=sapporo_data.index, autopct='%1.1f%%', startangle=140)
plt.title('札幌市の各産業の従業員数の割合')
plt.show()
```

> ここまで　4_4_2/main_a.py

このスクリプトを実行すると、DataFrameの先頭の行が出力され、札幌市の各産業における従業員数の全体に占める割合を示す円グラフが表示されます。

◁») 📄 ☒ ⋯⋯⋯⋯⋯⋯⋯⋯⋯⋯⋯⋯⋯⋯⋯⋯⋯⋯⋯⋯⋯⋯⋯⋯⋯⋯⋯⋯⋯⋯⋯⋯⋯⋯⋯⋯⋯⋯⋯⋯⋯⋯⋯⋯⋯⋯

　こちらの応答を参考に、グラフからWord文書を作成するスクリプトを作成していこうと思います。Visual Studio Codeを開き、4_4_2というフォルダを作成し、その中にmain.pyというファイルを作成してください。

　そして、上記のChatGPTのスクリプトをmain.pyに貼り付けます。また、ExcelのファイルをdataフォルダにICして、コードのファイルパスもそれに合うように変更します。ファイルのパスをdata/地域別の産業別従業者数.xlsxに修正します。日本語に対応するため、import japanize_matplotlibを追加します。以下の箇所です。

```
import pandas as pd
import seaborn as sns
import matplotlib.pyplot as plt
import japanize_matplotlib      ◀⋯⋯⋯⋯[ ライブラリを追加 ]

# 1. アップロードされたファイルからDataFrameを作成
df = pd.read_excel('data/地域別の産業別従業者数.xlsx')      ◀⋯⋯⋯⋯[ ファイルパスを修正 ]
```

　では、このスクリプトを実行してみましょう。ターミナルに以下のコマンドを入力し、Pythonスクリプトを実行します。

```
python 4_4_2/main_a.py
```

すると、以下の画像が表示されました。

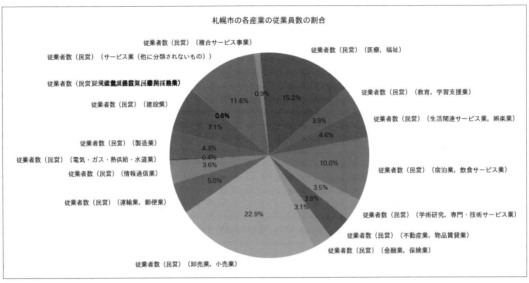

**図4.12　ChatGPTに作らせたスクリプトで描いた円グラフ**

　この図では、割合が小さい産業が重なってしまっているので、上位の10個までを使用し、それ以下のものは「その他」として表示してもらえるようにしましょう。また、大きい順に並べる必要もありそうです。

　以下のプロンプトをChatGPTに送信します。

● **Your prompt**
　こちらのスクリプトで使用した図だと、割合が小さい産業が重なってしまっているので、上位の10個までを使用し、それ以下のものは「その他」として表示するように修正してください。また、割合が大きい順に並べてください。

　すると、以下の応答が得られました。「その他」というのも理解されています。

● **ChatGPT response**
　以下のスクリプトでは、札幌市の各産業の従業員数の上位10個を表示し、それ以下のものは「その他」としてまとめて表示するように修正しています。また、割合が大きい順に並べています。

```
import pandas as pd
import matplotlib.pyplot as plt
```

```python
# 1. アップロードされたファイルからDataFrameを作成
df = pd.read_excel('/mnt/data/地域別の産業別従業者数.xlsx')

# 2. DataFrameの先頭の行を出力
print(df.head())

# 札幌市のデータを抽出
sapporo_data = df[df['市区町村'] == '札幌市'].iloc[0, 3:]
```

以下を使用する

```python
# 上位10個のデータとその他を抽出
top10 = sapporo_data.sort_values(ascending=False)[:10]
others = sapporo_data.sort_values(ascending=False)[10:].sum()
top10['その他'] = others

# 円グラフを描画
plt.figure(figsize=(10, 8))
plt.pie(top10, labels=top10.index, autopct='%1.1f%%', startangle=140)
plt.title('札幌市の各産業の従業員数の割合（上位10個とその他）')
plt.show()
```

このスクリプトを実行すると、札幌市の各産業における従業員数の上位10個と「その他」の割合を示す円グラフが表示されます。

　こちらの応答を参考にスクリプトを修正していきます。現在のスクリプト（4_4_2/main_a.py）の「# 円グラフを描画」を上記のChatGPTのスクリプトの該当箇所に入れ替えます。以下のように修正し、main_b.pyとして保存します。

略

```python
# 上位10個のデータとその他を抽出
top10 = sapporo_data.sort_values(ascending=False)[:10]
others = sapporo_data.sort_values(ascending=False)[10:].sum()
top10['その他'] = others

# 円グラフを描画
plt.figure(figsize=(10, 8))
plt.pie(top10, labels=top10.index, autopct='%1.1f%%', startangle=140)
plt.title('札幌市の各産業の従業員数の割合（上位10個とその他）')
```

```
plt.show()
```

　ではもう一度スクリプトを実行してみましょう。ターミナルに以下のコマンドを入力し、Pythonスクリプトを実行します。

```
python 4_4_2/main_b.py
```

　すると、以下の図が表示されました。

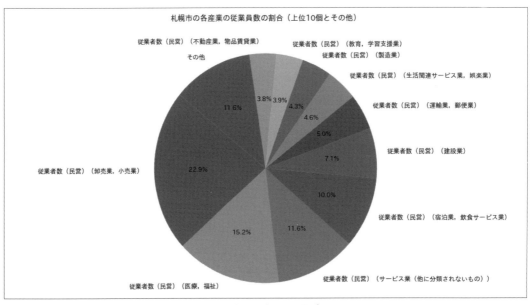

**図4.13　上位10個にした円グラフ**

　この図から、札幌市の経済を支えているのは主に「卸売業と小売業」であることがわかりました。その他、「医療，福祉」の割合も大きいということがわかりました。

　この章では、地域別の産業構造の分析とその就業者数の関連性について学びました。具体的には、SSDSE-A-2023.xlsxというデータセットを使用し、地域ごとの主要産業と就業者数を分析しました。また、データの絞り込みやグラフの作成と分析についても学びました。データの絞り込みでは、指定された列のデータを含むDataFrameを作成し、Excelファイルとして出力しました。また、グラフの作成と分析では、札幌市の各産業の従業員数の全体に占める割合を円グラフで表現しました。

　今回のように、必要なデータのみに絞り込み、データの分析を行うための準備を行うことは大きなデータを分析する上でとても重要です。また、実際の業務でも必要なデータのみに絞り込んで効率的にデータを分析するために活用できるスキルだと思います。

# 4.5 実習3：地域特性と公共サービスの提供

この実習では、地域特性に応じてどのような公共サービスが提供されているかを分析します。これによって、地域特性と公共サービス提供の適合性がどの程度かを評価できます。

具体的には、SSDSE-A-2023.xlsxという、様々な分野の市区町村別データを集めたデータセットを使用して、地域の人口に対しての医師の数を分析し、その地域に対して十分な医療が適用できる状態にあるかを考えてみようと思います。

## 4.5.1 データの絞り込み

4.4節と同様、まずは必要なカラムに絞り込まれたファイルを作成していきます。

4.4節で使用したスクリプトを再利用してみましょう。自分のPCでPythonを実行しているので容易です。

Visual Studio Codeを開き、4_5_1というフォルダを作成し、その中にmain.pyというファイルを作成し以下を記入してください。

**sample** `4_5_1/main.py`

```python
import pandas as pd

# Excelファイルを読み込み、必要な列を選択
file_path = 'data/SSDSE-A-2023.xlsx'
df = pd.read_excel(file_path, usecols=[1, 2, 3, 124], skiprows=2)

# 新しいExcelファイルとして出力
output_path = 'data/地域別の総人口と医師数.xlsx'
df.to_excel(output_path, index=False)
```

では、このスクリプトを実行してみましょう。ターミナルに以下のコマンドを入力し、Pythonプログラムを実行します。

```
python 4_5_1/main.py
```

出力されたファイルを確認してみると、4.4節同様に以下のデータが入っていました。これで、分析に必要なデータのみに絞り込んだファイルが作成できました。

| | A | B | C | D | E |
|---|---|---|---|---|---|
| 1 | 都道府県 | 市区町村 | 総人口 | 医師数 | |
| 2 | 北海道 | 札幌市 | 1973395 | 6978 | |
| 3 | 北海道 | 函館市 | 251084 | 822 | |
| 4 | 北海道 | 小樽市 | 111299 | 338 | |
| 5 | 北海道 | 旭川市 | 329306 | 1364 | |
| 6 | 北海道 | 室蘭市 | 82383 | 249 | |
| 7 | 北海道 | 釧路市 | 165077 | 379 | |
| 8 | 北海道 | 帯広市 | 166536 | 538 | |
| 9 | 北海道 | 北見市 | 115480 | 234 | |
| 10 | 北海道 | 夕張市 | 7334 | 7 | |
| 11 | 北海道 | 岩見沢市 | 79306 | 178 | |
| 12 | 北海道 | 網走市 | 35759 | 54 | |
| 13 | 北海道 | 留萌市 | 20114 | 48 | |
| 14 | 北海道 | 苫小牧市 | 170113 | 343 | |

Sheet1 ＋

図4.14　出力されたファイル（data/地域別の総人口と医師数.xlsx）

## 4.5.2　グラフの作成と分析

　では次に、こちらのファイルのデータを元に、各市区町村の医師1人に対する人口をグラフで表現してみましょう。今回は北海道のデータに対して棒グラフを作成していきます。

　ChatGPTに地域別の総人口と医師数.xlsxのファイルをアップロードして、以下のプロンプトをChatGPTに送信します。

● **Your prompt**
以下の手順で作業を行ってください。

1．アップロードされた "地域別の総人口と医師数.xlsx" ファイルからDataFrameを作成してください。
2．DataFrameの先頭の行を出力してください。
3．DataFrameの構造とそのデータの内容について説明してください。
4．北海道の各市区町村の医師1人に対する人口をseabornを使用して棒グラフで表現するためのスクリプトを作成してください。

スクリプトのコメントや応答は日本語で行ってください。

　以下の応答が得られました。「棒グラフ」という言葉を理解されました。

● **ChatGPT response** ·····································································

```
import pandas as pd

# 1. "地域別の総人口と医師数.xlsx" ファイルからDataFrameを作成
file_path = '/mnt/data/地域別の総人口と医師数.xlsx'
df = pd.read_excel(file_path)

# 2. DataFrameの先頭の行を出力
first_row = df.head(1)
first_row
```

```
都道府県  市区町村      総人口    医師数
0   北海道  札幌市  1973395  6978
```

DataFrameの先頭の行は以下の通りです：

| 都道府県 | 市区町村 | 総人口 | 医師数 |
|---|---|---|---|
| 北海道 | 札幌市 | 1973395 | 6978 |

DataFrameの構造とデータの内容についての説明：

このDataFrameには、都道府県、市区町村、総人口、医師数の4つの列が含まれています。各行は、特定の市区町村の人口統計と医師数を表しています。例えば、先頭の行は北海道札幌市の総人口が1,973,395人で、医師数が6,978人であることを示しています。

北海道の各市区町村の医師1人に対する人口を棒グラフで表現するスクリプト：

```
import seaborn as sns
```
 スクリプト略

このスクリプトは、北海道の各市区町村における医師1人あたりの人口を棒グラフで表現します。グラフのx軸には市区町村が、y軸には医師1人あたりの人口が表示されます。

◁)) 🗐 ⊠ ·····································································

こちらの応答に対し、最終的に実行可能なスクリプトを出力してもらいましょう。
同じスレッドで以下のプロンプトをChatGPTに送信します。

● **Your prompt**
最終的に実行可能なスクリプトを出力し直してください。

以下の応答が得られました。スクリプトがはっきりわかります。

● **ChatGPT response** ..........................................................................................

\# 実行可能なスクリプト

sample　4_5_2/main_a.py

```python
import pandas as pd
import seaborn as sns
import matplotlib.pyplot as plt
```

◄·········· ここにライブラリを追加

```python
# ファイルからDataFrameを作成
file_path = '/mnt/data/地域別の総人口と医師数.xlsx'
df = pd.read_excel(file_path)
```

◄·········· ここを修正する

```python
# 北海道のデータのみを抽出
hokkaido_data = df[df['都道府県'] == '北海道']

# 医師1人あたりの人口を計算
hokkaido_data['人口/医師数'] = hokkaido_data['総人口'] / hokkaido_data['医師数']

# 棒グラフで可視化
plt.figure(figsize=(10, 6))
sns.barplot(x='市区町村', y='人口/医師数', data=hokkaido_data)
plt.xticks(rotation=90)   # x軸のラベルを90度回転
plt.title('北海道の各市区町村の医師1人に対する人口')
plt.xlabel('市区町村')
plt.ylabel('人口/医師数')
plt.show()
```

ここまで　4_5_2/main_a.py

　こちらの応答を参考に、グラフからWord文書を作成するスクリプトを作成していこうと思います。Visual Studio Codeを開き、4_5_2というフォルダを作成し、その中にmain_a.pyというファイルを作成してください。

　そして、上記のChatGPTのスクリプトをmain_a.pyに貼り付けます。また、Excelのファイルをdataフォルダに配置し、コードのファイルパスもそれに合うように変更します。ファイルのパスをdata/地域別の総人口と医師数.xlsxに修正します。日本語に対応するため、import japanize_matplotlibライブラリを追加します。以下の箇所です。

```python
import pandas as pd
import seaborn as sns
```

```
import matplotlib.pyplot as plt
import japanize_matplotlib          ◄········· [ライブラリを追加]

# ファイルからDataFrameを作成
file_path = 'data/地域別の総人口と医師数.xlsx'  ◄········· [ファイルパスを修正]
```

では、このスクリプトを実行してみましょう。ターミナルで以下のコマンドを実行し、Pythonスクリプトを実行します。

```
python 4_5_2/main_a.py
```

すると、以下の画像が表示されました。

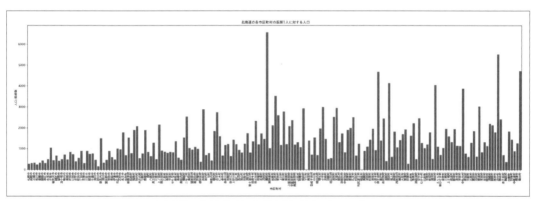

図4.15　各市区町村の医師1人に対する人口のグラフ

この図では、件数が多すぎて読みづらいので、上位10件と下位10件のみに絞り込んでグラフを作成するよう修正してみましょう。また、数値が大きい順に並べる必要もありそうです。

同じスレッドで以下のプロンプトをChatGPTに送信します。

● **Your prompt**
こちらのスクリプトで使用した図だと、件数が多くて読みづらいので、上位10件と下位10件のみに絞り込んでグラフを作成するように修正してください。また、数値が大きい順に並べてください。

すると、以下の応答が得られました。このように一部分だけが表示されることがあります。

● **ChatGPT response** ·········
```
# 上位10件と下位10件に絞り込み、数値が大きい順に並べ替え
top10 = hokkaido_data.nlargest(10, '人口/医師数')
```

```
bottom10 = hokkaido_data.nsmallest(10, '人口/医師数')
combined_data = pd.concat([top10, bottom10]).sort_values(by='人　口/医　師　数',
ascending=False)


# 棒グラフで可視化
plt.figure(figsize=(12, 8))
sns.barplot(x='市区町村', y='人口/医師数', data=combined_data)
plt.xticks(rotation=90)　　# x軸のラベルを90度回転
plt.title('北海道の各市区町村の医師1人に対する人口（上位10件と下位10件）')
plt.xlabel('市区町村')
plt.ylabel('人口/医師数')
plt.show()
```

上記のグラフは、北海道の各市区町村の医師1人に対する人口を表しており、上位10件と下位10件に絞り込まれています。数値が大きい順に並べ替えられているため、医師不足が顕著な地域と医師が比較的多い地域が一目でわかります。

　こちらのChatGPTを参考にスクリプトを修正していきます。4_5_2/main.pyの「# 棒グラフで可視化」のコメント以降の部分を上記のChatGPTのスクリプトに入れ替えます。以下のように修正し、ファイル名をmain_b.pyとして保存します。

```
# 上位10件と下位10件に絞り込み、数値が大きい順に並べ替え
top10 = hokkaido_data.nlargest(10, '人口/医師数')
bottom10 = hokkaido_data.nsmallest(10, '人口/医師数')
combined_data = pd.concat([top10, bottom10]).sort_values(by='人　口/医　師　数',
ascending=False)


# 棒グラフで可視化
plt.figure(figsize=(12, 8))
sns.barplot(x='市区町村', y='人口/医師数', data=combined_data)
plt.xticks(rotation=90)　　# x軸のラベルを90度回転
plt.title('北海道の各市区町村の医師1人に対する人口（上位10件と下位10件）')
plt.xlabel('市区町村')
plt.ylabel('人口/医師数')
plt.show()
```

　ではもう一度スクリプトを実行してみましょう。ターミナルで以下のコマンドを実行します。

```
python 4_5_2/main_b.py
```

　実行結果は掲載しませんが、このスクリプトは、医師数がゼロの場合を考慮していなかったので、医師数ゼロの地域を出力から除外するようにしてみます。

　同じスレッドで以下のプロンプトをChatGPTに送信します。

**Your prompt**

下川町などの0件のデータが、上位の左側に入ってきてしまいます。対策を考えてもらえますか？

> ここには4_5_2/main_b.py のスクリプト

　すると、以下の応答が得られました。スクリプトは一部分だけが表示されています。

**ChatGPT response**

医師数が0の場合に対処するため、医師1人あたりの人口を計算する際に0で割ることを避ける必要があります。

以下のようにコードを修正します：

医師数が0でないデータのみを使用するようにフィルタリングします。

> 略
```
# 医師数が0でないデータのみを抽出
hokkaido_data = hokkaido_data[hokkaido_data['医師数'] != 0]
```

> 略

このコードでは、医師数が0のデータを除外するため、上位と下位のデータに影響を与えることなく正確な絞り込みが行われます。これにより、意図した結果が得られるはずです。

　医師数が0でないデータのみを抽出するコードが追加されました。こちらのChatGPTを参考にスクリプトを修正していきます。4_5_2/main_b.pyを以下のように修正し、main_c.pyとして保存します。

```
# 北海道のデータのみを抽出
hokkaido_data = df[df['都道府県'] == '北海道']
```

追加

```
# 医師数が0でないデータのみを抽出
hokkaido_data = hokkaido_data[hokkaido_data['医師数'] != 0]
```

ではもう一度スクリプトを実行してみましょう。ターミナルで以下のコマンドを実行します。

python 4_5_2/main_c.py

すると、以下の図が表示されました。

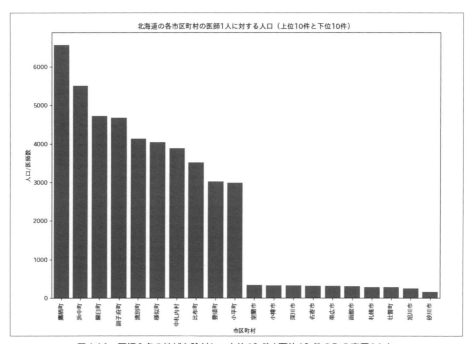

図4-16　医師0名の地域を除外し、上位10件と下位10件のみの表示とした

こちらの実習では、グラフのわかりやすさを優先して、医師数医師0名の地域を除外したパターンでグラフを生成しましたが、実務の用途に応じて、ChatGPTと対話しながら、医師数が0名の地域だけを洗い出す、といった使い方も考えられます。

この節では、地域特性に応じた公共サービスの提供について分析しました。具体的には、SSDSE-A-2023.xlsxというデータセットを使用して、地域の人口に対する医師の数を分析しました。

この分析を通じて、医師や病院の数が十分に提供されている地域や不足している地域が明らかになりました。また、地域特性と公共サービス提供の適合性の評価に役立つ情報を得ることができました。

# 第 5 章

# PythonでWebスクレイピング！
# 情報収集のプロになろう

## ニュースリリースを把握し、
## 競争力向上力を身につけよう

この章の目的は、Webスクレイピング（インターネットを回り、必要な情報を集める技術）を活用して業界の最新ニュースを効率良く追跡し、それをビジネスの強化に繋げる方法を読者に伝えることです。この技術を習得することで、新しい情報を容易に得ることができ、変動する市場環境に迅速に適応できるようになります。

# 5.1 業界の最新ニュースの追跡とその重要性

## 瞬時に変化する業界環境

近年、デジタルトランスフォーメーション（DX）があらゆる業界で急速に進んでいます。これにより、業務プロセスや顧客体験のデジタル化を推進し、効率化や新しいビジネスモデルの創出を促しています。例えば、AIやIoTを用いた製品が次々と市場に投入され、消費者の期待は高まるばかりです。仕事の現場も変わっていきます。

一方、グローバリゼーションの進展により、企業は国際的な競争に直面しています。同時に、地域固有のニーズに対応するため地域性を考慮する必要があるなど、より複雑な状況に直面しています。

さらに、環境問題や社会問題に対する企業の責任が増しており、サステナビリティは新たな競争要素として浮上しています。企業は、環境への影響を最小化しつつ、社会貢献を通じてブランド価値を高める戦略を採用せざるを得ません。社員も情報収集が必要です。

これらの多様な要因が複雑に絡み合う中で、業界は瞬時に変化しています。そのため、各社の経営者・社員にはこれらの変化に迅速に対応する能力が求められています。対応が遅れれば、大きな機会損失を招く可能性があり、社員の待遇だけでなく、最悪の場合、企業の存続さえも危ぶまれることがあります。

## 情報収集の効率化が必須の時代

私たちは情報過多と言われる時代に生きています。毎日膨大な情報が生成され、それをすべて手作業で収集・分析することは実質不可能です。特にビジネスの世界では、瞬時に変動する株価、更新され続ける業界ニュース、次々に発表される新製品やサービスなど、追いかけるのが困難なほど多量の情報が溢れています。

競争力を維持するためには、膨大な情報の中から重要なものを迅速に特定し、適切な戦略を素早く立案する能力が必要です。情報の価値は、タイムリーに利用されることで最大化されるため、迅速な情報収集と分析は欠かせません。

手作業による情報収集は、非効率で質の面でも不安定です。特定の情報源に偏るリスクもあり、人による作業はミスや疲労、作業時間の制限など、多くの制約が効率を低下させます。

これらの問題を解決するには、効率的な情報収集手段が必要です。具体的には、プログラミング言語やスクレイピングツールを駆使して情報収集を自動化する方法があります。この章では、特にPythonを使ったWebスクレイピング技術について詳しく説明します。

本章で取り上げるのは、PythonによるWebスクレイピングという技術です。この技術を身につけることで、公開されている多くの情報から、必要なデータを自動で収集、整理、分析できるようになります。特に、例題として経済産業省のニュースリリースを例に挙げ、業界の最新ニュースをいかに

効率良くかつ正確に把握するかについて様々なサイトに応用しやすいように解説します。言うまでもありませんが、ご利用に際しては、取得した内容の利用方法など、著作権の扱いに留意してください。

# 5.2 Web スクレイピングと Python の関わり： Python を活用した Web スクレイピングの可能性

　Web スクレイピングは、特定の Web ページから欲しい情報を自動で取り出す技術で、Python がこの領域で広く利用されています。Python が選ばれる理由の 1 つに、データの収集、分析、可視化といったデータサイエンスの全般にわたって豊富なライブラリを提供している点があります。具体的には、BeautifulSoup、Scrapy、Selenium といったライブラリが Python において頻繁に利用されています。以下に、典型的な Python スクリプト例を示します。

```python
# BeautifulSoupを用いたシンプルなWebスクレイピング例
from bs4 import BeautifulSoup
import requests

url = 'https://example.com/news'
response = requests.get(url)
soup = BeautifulSoup(response.text, 'html.parser')

titles = soup.find_all('h2', {'class': 'news-title'})

for title in titles:
    print(title.text)
```

　この例では、requests ライブラリを通じて Web ページの内容を取得し、BeautifulSoup ライブラリで HTML を解析しています。ここで、特定の HTML タグ（この場合はクラス名が news-title の h2 タグ）に対応するテキストを抽出しています。

　Python の別の長所は、そのコードが読みやすく直感的である点です。この特性は、プログラミング初心者でも Web スクレイピングの基本を簡単に学べることを意味しています。さらに、Python は非常に汎用性の高い言語であるため、Web スクレイピングで収集したデータを分析したり、Web アプリケーションに組み込んだりする作業もスムーズに進めることができます。

　情報収集の効率化が求められる現代社会において、Python を使った Web スクレイピングは非常に強力な手段です。その多機能性と柔軟性により、個人はもちろんのこと、多くの企業にとっても重要なツールとして採用され、業界全体の競争力強化に貢献しています。

# 5.3 PythonでのWebスクレイピングの基礎知識

　Webスクレイピングを行う際には、対象のウェブサイトの利用規約を確認し、許可されている範囲内で行うことが重要です。また、サーバーに過度な負荷をかけないように、適切な間隔を空けてリクエストを送信することが推奨されます。これは、DoS（Denial of Service）攻撃と誤解されるリスクを避けるためでもあります。スクレイピングによって得られたデータの使用についても、法的な制約や倫理的な問題に留意する必要があります。

　Webスクレイピングを行うためには、ブラウザでも利用している基本的なHTTPリクエストの知識が必要です。HTTP（HyperText Transfer Protocol）は、インターネット上でデータを交換するためのプロトコルです。PythonでHTTPリクエストを送るには、requestsというライブラリが広く使われています。

```python
# requestsライブラリを用いてHTTP GETリクエストを送る例
import requests

response = requests.get('https://example.com')
print(response.text)
```

　このコードでは、指定したURL（例ではhttps://example.com）へHTTP GETリクエスト[注1]を送信し、レスポンスを受信しています。

　次に、HTMLの解析が必要になります。HTML（HyperText Markup Language）は、Webページの構造を定義する一般的なマークアップ言語です。PythonでHTMLを解析する際には、BeautifulSoupライブラリがしばしば利用されます。

```python
# BeautifulSoupを使ってHTMLを解析する基本的な例
from bs4 import BeautifulSoup

html_data = '''
<html><head><title>Title</title></head><body><p>Paragraph</p></body></html>
'''
soup = BeautifulSoup(html_data, 'html.parser')
print(soup.title.string)  # 出力: Title
```

---

注1　GETリクエストは、Webサーバーに対して指定したURLの情報を要求するための方法です。サーバーは、リクエストを受け取った後、要求された情報（通常はWebページやファイル）をレスポンスとして返します。このプロセスを通じて、インターネット上で情報をやり取りすることができます。

　この例では、HTMLの`<title>`タグ内のテキスト内容を取得しています。BeautifulSoupを使用すると、構造化されたHTMLから簡単に情報を抽出できます。

　また、本書では扱いませんが、動的なWebページにアクセスする場合は、Seleniumというライブラリが使われることがあります。これにより、JavaScript[注2]を実行するなどの複雑な処理を含むWebページのスクレイピングが可能になります。動的なWebページとは、サーバーサイドまたはクライアントサイドで動的にコンテンツが生成されるWebページのことを指します。クライアントサイドでは、JavaScriptを使用してページが動的に更新されることが一般的です。

```python
# Seleniumを使って動的なWebページをスクレイピングする例
from selenium import webdriver

driver = webdriver.Chrome()
driver.get('https://example.com/dynamic-page')

element = driver.find_element_by_id('some-id')
print(element.text)
```

　PythonでのWebスクレイピングでは、これらのライブラリを適切に組み合わせて使用することで、多様な情報収集が可能です。それぞれのライブラリには特有の特長と用途があり、適切に使い分けることで効率的なスクレイピングを実現できます。

# 5.4 実習1：経済産業省のニュースリリースの収集

## 5.4.1　Webページからのデータ取得・BeautifulSoupの基礎

　業界の最新ニュースを迅速に把握する方法の1つとして、経済産業省のニュースリリースから情報を自動で収集する実習します（ここでのやり方に沿えば、原理的には他のサイトでも活用可能です）。この実習では、PythonのBeautifulSoupライブラリを使用します。最初に、requestsライブラリを利用して経済産業省のニュースリリースの「ものづくり/情報/流通・サービスカテゴリー一覧」からHTMLデータを取得することから始めます。

　ChatGPTに以下のプロンプトを送信して、スクリプトを作成してもらいます。

---

注2　Pythonとは異なる言語で、HTMLではよく使われます

● **Your prompt**
Pythonのrequests と BeautifulSoupライブラリを使用して、以下のページからHTMLのデータを
取得するためのスクリプトを作成してください。

https://www.meti.go.jp/press/category_03.html

以下の応答が得られました。

● **ChatGPT response** ······················································································
以下は、Pythonの requests と BeautifulSoup ライブラリを使用して、指定された URL から HTML データ
を取得するためのスクリプトの例です。

```
import requests
from bs4 import BeautifulSoup

# URLの指定
url = 'https://www.meti.go.jp/press/category_03.html'

# requestsを使用して、URLからHTMLを取得
response = requests.get(url)

# BeautifulSoupを使用して、取得したHTMLを解析
soup = BeautifulSoup(response.text, 'html.parser')

# 解析したHTMLを出力
print(soup.prettify())
```

このスクリプトは、指定された URL から HTML データを取得し、BeautifulSoup を使用して解析した後、
整形して出力します。必要に応じて、特定の HTML 要素を抽出するために、このスクリプトをさらに拡張
することができます。

······················································································

こちらの応答を参考に、スクリプトを作成してみましょう。
　Visual Studio Code を開き、5_4_1 というフォルダを作成し、その中に main_a.py というファイル
を作成してください。そして、上記の ChatGPT のスクリプトを main_a.py に貼り付けます。

**sample** `5_4_1/main_a.py`

```python
import requests
from bs4 import BeautifulSoup

# URLの指定
url = 'https://www.meti.go.jp/press/category_03.html'

# requestsを使用して、URLからHTMLを取得
response = requests.get(url)

# BeautifulSoupを使用して、取得したHTMLを解析
soup = BeautifulSoup(response.text, 'html.parser')

# 解析したHTMLを出力
print(soup.prettify())
```

また、ターミナルで以下のコマンドを実行し、requestsとBeautifulSoupライブラリをインストールしておきます（--upgradeオプションを使用すると更新されます）。

```
pip install requests beautifulsoup4
```

では、このスクリプトを実行してみましょう。ターミナルで以下のコマンドを実行し、スクリプトを実行します。

```
python 5_4_1/main_a.py
```

なお、出力が文字化けをするようであれば、以下を追記することで回避できる場合があります。

```
# requestsを使用して、URLからHTMLを取得
response = requests.get(url)
response.encoding = 'utf-8'   # 応答のエンコーディングを明示的に指定   ◀········ 追記
```

すると、HTMLのようなテキストがターミナルに表示されました（巨大なので、掲載は割愛します）。ターミナルの設定によっては、表示しきれずに、下部のみの表示になります。

これにより、このスクリプトでHTMLを取得できることがわかりました。しかし、これには無用な情報が多く含まれているため、できるだけ必要な情報だけを得るために、このHTMLのクラスやIDを指定して情報を取得してみましょう。まずは、どのクラスやIDをターゲットとするかを決める

必要があります。

　そこで、HTML ファイルを ChatGPT にアップロードし、そのデータを元に必要な情報を得るためのスクリプトを ChatGPT に作成してもらおうと思います。

　まず、

```
https://www.meti.go.jp/press/category_03.html
```

のページをブラウザ開き、ページを HTML 形式で保存します。ファイル名はブラウザが付けた

ニュースリリース ものづくり_情報_流通・サービスカテゴリー一覧（METI_経済産業省）.html

としておきます。ブラウザから Web ページを HTML ファイル形式で保存する方法についてわからない方は、「Google Chrome で Web ページを HTML 形式で保存、ダウンロードする方法を教えてください」といった形で ChatGPT に聞いてみましょう。

　そして、保存したファイル（ニュースリリース ものづくり_情報_流通・サービスカテゴリー一覧（METI_経済産業省）.html）を ChatGPT にアップロードして以下のプロンプトを送信します。HTML の内部構造を自分で調べなくて済むので、とても便利です。

● **Your prompt**
> こちらの HTML から記事のタイトルと、そのページへの URL を取得するスクリプトを
> BeautifulSoup を使用して作成してください。

　以下の応答が得られました。

● **ChatGPT response**
　以下は、BeautifulSoup を使用して、指定された記事のタイトルとそのページへの URL を取得する Python スクリプトです。このスクリプトは、ダウンロードした HTML ファイルから情報を抽出します。

```python
from bs4 import BeautifulSoup

# HTMLファイルを読み込み
with open('/path/to/your/file.html', 'r', encoding='utf-8') as file:
    html_content = file.read()

# BeautifulSoupオブジェクトの作成
soup = BeautifulSoup(html_content, 'html.parser')
```

ここを使う

```
# dtとddタグを抽出し、関連する記事タイトルとURLを取得
articles = soup.find_all('dl', class_='date_sp b-solid')
for article in articles:
    dates = article.find_all('dt')
    links = article.find_all('dd')
    for date, link in zip(dates, links):
        print(f"日付: {date.get_text(strip=True)}")
        print(f"タイトル: {link.a.get_text(strip=True)}")
        print(f"URL: {link.a['href']}")
        print('---')
```

このスクリプトは、HTMLファイル内のすべての記事のタイトルとURLを抽出し、それらをコンソールに出力します。記事のクラス名は、HTMLファイルの構造に基づいて適宜調整してください。

こちらの応答を参考に、5_4_1/main_a.pyのスクリプトを修正し、ファイル名をmain_b.pyとして保存します。

以下のように修正しました。

sample　5_4_1/main_b.py

```
import requests
from bs4 import BeautifulSoup

# URLの指定
url = 'https://www.meti.go.jp/press/category_03.html'

# requestsを使用して、URLからHTMLを取得
response = requests.get(url)
response.encoding = 'utf-8'   # 応答のエンコーディングを明示的に指定   ◀·········· 念のため追記
```

```
# BeautifulSoupを使用して、取得したHTMLを解析
soup = BeautifulSoup(response.text, 'html.parser')
```

下部の「# 解析したHTMLを出力」以降を上記の「# dtとddタグを抽出し、関連する記事タイトルとURLを取得」に修正

```
# dtとddタグを抽出し、関連する記事タイトルとURLを取得
articles = soup.find_all('dl', class_='date_sp b-solid')
for article in articles:
```

```python
    dates = article.find_all('dt')
    links = article.find_all('dd')
    for date, link in zip(dates, links):
        print(f"日付: {date.get_text(strip=True)}")
        print(f"タイトル: {link.a.get_text(strip=True)}")
        print(f"URL: {link.a['href']}")
        print('---')
```

　では、このスクリプトを実行してみましょう。ターミナルで以下のコマンドを実行し、Python スクリプトを実行します。


```
python 5_4_1/main_b.py
```

すると、以下のテキストが出力されました。


日付: 2024年4月15日

タイトル: 「電力先物の活性化に向けた検討会」の結果を取りまとめました

URL: /press/2024/04/20240415002/20240415002.html

---

日付: 2024年4月8日

タイトル: 齋藤経済産業大臣及び上月経済産業副大臣が博覧会国際事務局（BIE）ケルケンツェス事務局長と会談を行いました

URL: /press/2024/04/20240408001/20240408001.html

---

日付: 2024年3月29日

タイトル: 2023年のキャッシュレス決済比率を算出しました

URL: /press/2023/03/20240329006/20240329006.html

---

日付: 2024年3月28日

タイトル: バッテリー分野初の産学連携教育プログラムがスタートします！

URL: /press/2023/03/20240328002/20240328002.html

---

日付: 2024年3月27日

タイトル: 「DX支援ガイダンス：デジタル化から始める中堅・中小企業等の伴走支援アプローチ」を策定しました

URL: /press/2023/03/20240327005/20240327005.html

---

日付: 2024年3月26日

タイトル: 「仕事と介護の両立支援に関する経営者向けガイドライン」を公表します

```
URL: /press/2023/03/20240326003/20240326003.html
---
日付: 2024年3月26日
タイトル:「北朝鮮IT労働者に関する企業等に対する注意喚起」の公表
URL: /press/2023/03/20240326002/20240326002.html
---
日付: 2024年3月19日
```
以下略

指示通り、記事のタイトルとそのURLが取得できていることがわかります。

このようにして取得した情報は、後でファイルに保存したり、分析ツールでさらに詳細な分析を行う材料とすることができます。

## 5.4.2　特定のキーワードに関するニュースの抽出

この項では、経済産業省のニュースリリース（ものづくり/情報/流通・サービスカテゴリー一覧）からニュースデータを収集し、その後、特定のキーワードに関連するニュースだけを抽出する方法について解説します。

先ほど取得した結果をフィルタリングするための方法をChatGPTに聞いてみましょう。以下のプロンプトを送信します。

● **Your prompt**
現在、以下のスクリプトを使用して、記事の一覧からタイトルとURLを取得する処理を行っています。

> ここには　5_4_1/main_b.py

ここで取得したタイトルに対して、指定したキーワードにマッチするものだけを取得するためのスクリプトを作成してください

以下の応答が得られました。1つのキーワードしか指定できないのが難ですが、まずは実行してみます。

● **ChatGPT respons**
指定したキーワードにマッチする記事のみを取得するために、以下のようなスクリプトを使うことができます。この例では、keyword変数にマッチさせたいキーワードを指定します

**sample** `5_4_2/main.py`

```python
import requests
from bs4 import BeautifulSoup

# URLの指定
url = 'https://www.meti.go.jp/press/category_03.html'

# requestsを使用して、URLからHTMLを取得
response = requests.get(url)
response.encoding = 'utf-8'  # 応答のエンコーディングを明示的に指定

# BeautifulSoupを使用して、取得したHTMLを解析
soup = BeautifulSoup(response.text, 'html.parser')

# dtとddタグを抽出し、関連する記事タイトルとURLを取得
articles = soup.find_all('dl', class_='date_sp b-solid')
keyword = "キーワード"  # マッチさせたいキーワードを指定

for article in articles:
    dates = article.find_all('dt')
    links = article.find_all('dd')
    for date, link in zip(dates, links):
        title = link.a.get_text(strip=True)
        url = link.a['href']
        if keyword in title:
            print(f"日付: {date.get_text(strip=True)}")
            print(f"タイトル: {title}")
            print(f"URL: {url}")
            print('---')
```

ここまで **5_4_2/main.py**

🔊 📋 ☒ ···········································································································

こちらの応答を参考にスクリプトを作成していきましょう。

　Visual Studio Codeを開き、5_4_2というフォルダを作成し、その中にmain.pyというファイルを作成してください。そして、上記のChatGPTのスクリプトをmain.pyに貼り付けます。キーワードは、以下の部分で指定します。

- # dtとddタグを抽出し、関連する記事タイトルとURLを取得

```
articles = soup.find_all('dl', class_='date_sp b-solid')
keyword = "DX"   # マッチさせたいキーワードを指定  ◀‥‥‥‥‥ ここにキーワードを記入する
```

では、このスクリプトを実行してみましょう。

ターミナルに以下のコマンドを入力し、Pythonスクリプトを実行します。

```
python 5_4_2/main.py
```

すると、以下のテキストが出力されました。実行時点によっては何もヒットしない可能性もあります。

```
日付：2024年3月27日
タイトル：「DX支援ガイダンス：デジタル化から始める中堅・中小企業等の伴走支援アプローチ」を策定
しました
URL：/press/2023/03/20240327005/20240327005.html
---
日付：2024年3月19日
タイトル：DXセレクション2024を公表しました！
URL：/press/2023/03/20240319005/20240319005.html
---
日付：2024年3月1日
タイトル：DXセレクション2024表彰式を開催します！
URL：/press/2023/03/20240301008/20240301008.html
---
日付：2023年11月29日
タイトル：支援機関を通じた中堅・中小企業等のDX支援の在り方に関する検討会を立ち上げました
URL：/press/2023/11/20231129002/20231129002.html
---
日付：2023年11月21日
タイトル：DXセレクション2024を実施します
URL：/press/2023/11/20231121001/20231121001.html
```

これで、特定のキーワード'DX'が含まれるタイトルの記事を抽出することができました。

いまは、1つのキーワードだけですが、実際の使いやすさを考慮して、**複数のキーワード対応**にしましょう。同じスレッドで以下のプロンプトを送信します。

● **Your prompt**

複数のキーワードをしてできるようにしてください。例えば、「DX」「生成AI」のどれかにヒットする
ようにです。

以下の応答が得られました。リストという機能を使います。

● **ChatGPT respons** ...............................................................................................................................

複数のキーワードにマッチさせるためには、keyword変数をリストにして、それぞれのキーワードに対し
て記事のタイトルがマッチするかどうかを確認します。以下はそのようなスクリプトです。

**sample** `5_4_2_1/main.py`

```python
import requests
from bs4 import BeautifulSoup

# URLの指定
url = 'https://www.meti.go.jp/press/category_03.html'

# requestsを使用して、URLからHTMLを取得
response = requests.get(url)
response.encoding = 'utf-8'  # 応答のエンコーディングを明示的に指定

# BeautifulSoupを使用して、取得したHTMLを解析
soup = BeautifulSoup(response.text, 'html.parser')

# dtとddタグを抽出し、関連する記事タイトルとURLを取得
articles = soup.find_all('dl', class_='date_sp b-solid')
keywords = ["DX", "生成AI"]  # マッチさせたいキーワードのリスト

for article in articles:
    dates = article.find_all('dt')
    links = article.find_all('dd')
    for date, link in zip(dates, links):
        title = link.a.get_text(strip=True)
        url = link.a['href']
        for keyword in keywords:
            if keyword in title:
                print(f"日付: {date.get_text(strip=True)}")
                print(f"タイトル: {title}")
                print(f"URL: {url}")
```

```
print('---')
# 一つでもマッチしたらループから抜ける
break
```

ここまで `5_4_2_1/main.py`

このスクリプトでは、keywordsリストに複数のキーワードを定義し、記事のタイトルにそれらのいずれかが含まれている場合にマッチとみなします。記事のタイトルが複数のキーワードにマッチする場合でも、最初のマッチしたキーワードのみが出力されます。

🔊 📋 ⊠ ⋯⋯⋯⋯⋯⋯⋯⋯⋯⋯⋯⋯⋯⋯⋯⋯⋯⋯⋯⋯⋯⋯⋯⋯⋯⋯⋯⋯⋯⋯⋯⋯⋯⋯⋯⋯⋯⋯⋯⋯

　では、Visual Studio Codeを開き、5_4_2_1というフォルダを作成し、その中にmain.pyというファイルを作成してください。そして、ChatGPTを5_4_2_1/main.pyに貼り付けます。キーワードを変更するには、以下の箇所を書き換えてください。

```
# dtとddタグを抽出し、関連する記事タイトルとURLを取得
articles = soup.find_all('dl', class_='date_sp b-solid')
keywords = ["DX", "生成AI"]  # マッチさせたいキーワードのリスト   ◀━ ここにキーワードを記入する
```

　では、このスクリプトを実行してみましょう。
　ターミナルに以下のコマンドを入力し、Pythonスクリプトを実行します。

```
python 5_4_2_1/main.py
```

　すると、以下のテキストが出力されました。「DX」と「生成AI」がヒットしています。実行時点によっては何もヒットしない可能性もあります。

```
日付： 2024年3月27日
タイトル： 「DX支援ガイダンス：デジタル化から始める中堅・中小企業等の伴走支援アプローチ」を策定
しました
URL： /press/2023/03/20240327005/20240327005.html
---
日付： 2024年3月19日
タイトル： DXセレクション2024を公表しました！
URL： /press/2023/03/20240319005/20240319005.html
---
日付： 2024年3月1日
タイトル： DXセレクション2024表彰式を開催します！
URL： /press/2023/03/20240301008/20240301008.html
```

```
---
日付： 2024年2月2日
タイトル： 生成AIの開発力強化に向けたプロジェクト「GENIAC」を開始します
URL： /press/2023/02/20240202003/20240202003.html
---
```

以下略

　現在は、ターミナルに表示しているだけなので、**ファイルに保存する**ようにしましょう。ファイルが上書きにならないように、ファイル名には年月日時分秒を付けるようにします。

　同じスレッドで以下のプロンプトを送信します。

● **Your prompt**

　では、結果をテキストファイルに保存するようにしてください。ファイル名は、実行ごとに上書きされないように年月日日時分秒でお願いします。

　以下はChatGPTの応答です。ファイル名の文字コードにも言及し、終了時には終了のメッセージも表示します。

● **ChatGPT respons** ....................................................

　結果をテキストファイルに保存し、ファイル名を年月日時分秒で生成するように変更しましょう。以下がそのスクリプトです。

**sample** `5_4_2_2/main.py`

```python
import requests
from bs4 import BeautifulSoup
import datetime

# URLの指定
url = 'https://www.meti.go.jp/press/category_03.html'

# requestsを使用して、URLからHTMLを取得
response = requests.get(url)
response.encoding = 'utf-8'  # 応答のエンコーディングを明示的に指定

# BeautifulSoupを使用して、取得したHTMLを解析
soup = BeautifulSoup(response.text, 'html.parser')

# dtとddタグを抽出し、関連する記事タイトルとURLを取得
```

```python
articles = soup.find_all('dl', class_='date_sp b-solid')
keywords = ["DX", "生成AI"]  # マッチさせたいキーワードのリスト

# 現在の日時を取得し、ファイル名に使用
current_time = datetime.datetime.now().strftime("%Y%m%d%H%M%S")
filename = f"5_4_2_2/article_list_{current_time}.txt"

# 結果を保存するテキストファイルを開く
with open(filename, "w", encoding="utf-8") as file:
    for article in articles:
        dates = article.find_all('dt')
        links = article.find_all('dd')
        for date, link in zip(dates, links):
            title = link.a.get_text(strip=True)
            url = link.a['href']
            for keyword in keywords:
                if keyword in title:
                    # ファイルに結果を書き込む
                    file.write(f"日付: {date.get_text(strip=True)}\n")
                    file.write(f"タイトル: {title}\n")
                    file.write(f"URL: {url}\n")
                    file.write('---\n')
                    # 一つでもマッチしたらループから抜ける
                    break
print(f"結果が {filename} に保存されました。")
```

ここまで **5_4_2_2/main.py**

このスクリプトでは、実行時の年月日時分秒を使用してファイル名を生成し、結果をそのファイルに保存します。ファイルはUTF-8でエンコードされます。

　Visual Studio Codeを開き、5_4_2_2というフォルダを作成し、その中にmain.pyというファイルを作成してください。そして、上記のChatGPTのスクリプトをmain.pyに貼り付けます。

　では、このスクリプトを実行してみましょう。

　ターミナルに以下のコマンドを入力し、Pythonスクリプトを実行します。

```
python 5_4_2_2/main.py
```

「結果が　5_4_2_2/article_list_20240520144630.txt　に保存されました。」などと表示され、スクリプトを実行したフォルダにファイルが保存されます。

# 5.5　実習2：ニュース情報の定期的な収集

## 5.5.1　定期的な業界ニュース収集の重要性

　業界の最新動向を常に把握しておくことは、競争力を鍛え、成長を遂げるために欠かせません。特にテクノロジーが急速に進化している現代では、今日有効な情報が明日にはすでに古くなっている可能性があり、そのためにも業界ニュースを定期的に収集することが非常に重要です。

　この情報収集を自動化し、定期的にレポートとしてまとめることで、作業の効率を大きく向上させることが可能です。Pythonは、このような定期的な作業を自動化するのにも非常に役立つツールです。例えば、scheduleライブラリを使用することで、簡単に定期実行のプログラミングが可能になります。

　以下はscheduleライブラリを使用して、10秒おきに「hello world」という文字列を出力するPythonスクリプトの例です。

sample　5_5_1/main.py

```python
import schedule
import time

def print_hello():
    print("hello world")

schedule.every(10).seconds.do(print_hello)

while True:
    schedule.run_pending()
    time.sleep(1)
```

　このスクリプトは、print_hello関数を10秒ごとに実行するようにスケジュールします。schedule.run_pending()は、スケジュールされたすべてのジョブを実行するためにメインループ

内で繰り返し呼び出されます。`time.sleep(1)`は、CPUの使用を抑えるために1秒間のスリープを挟んでいます。

実際に実行して試してみましょう。

Visual Studio Codeを開き、5_5_1というフォルダを作成し、その中にmain.pyというファイルを作成してください。そして、上記のChatGPTのスクリプトをmain.pyに貼り付けます。そして、scheduleライブラリをインストールするために、ターミナルで以下のコマンドを実行します。

```
pip install schedule
```

インストールが完了したら、ターミナルで以下のコマンドを実行し、Pythonスクリプトを実行します。

```
python 5_5_1/main.py
```

すると、10秒ほど経ってから`hello world`という文字列がターミナルに出力されるのがわかると思います。終了するには、Ctrl+C等を実行してください。

Visual Studio Codeでの実行の場合、他のVisual Studio Code作業をする際には、別のVisual Studio Codeウィンドウを立ち上げるとよいでしょう。

このようにして、定期的に処理を実行したい場合はscheduleライブラリを使用することが有効です。

## 5.5.2　Pythonでニュース情報収集のスケジューリング

次は、実習1の経済産業省ニュースリリースを得るスクリプトを改良し、定期的に取得するようにしてみましょう。実際に実行する際には、相手のサイトの迷惑にならないように気を付けてください。

プロンプトに先の5_4_2_2/main.pyのスクリプトを貼り付け、ChatGPTにscheduleライブラリを使用したスクリプトを考えてもらいます。

● **Your prompt**
以下のスクリプトをscheduleライブラリを使用して定期実行を行うように変更してください。

　　ここには5_4_2_2/main.py のスクリプト

以下の応答が得られました。5_4_2_2/main.pyが1つの関数として定義され、その関数を定期的に呼び出しています。

● **ChatGPT respons**

指定されたスクリプトを schedule ライブラリを使用して定期実行するように変更します。スクリプト全体を関数にまとめ、その関数を定期的に実行するように設定します。以下はその変更版です。

🍵 sample 　5_5_2/main.py

```python
import requests
from bs4 import BeautifulSoup
import datetime
import schedule
import time
def fetch_and_save_articles():
    # URLの指定
    url = 'https://www.meti.go.jp/press/category_03.html'

    # requestsを使用して、URLからHTMLを取得
    response = requests.get(url)
    response.encoding = 'utf-8' # 応答のエンコーディングを明示的に指定

    # BeautifulSoupを使用して、取得したHTMLを解析
    soup = BeautifulSoup(response.text, 'html.parser')

    # dtとddタグを抽出し、関連する記事タイトルとURLを取得
    articles = soup.find_all('dl', class_='date_sp b-solid')
    keywords = ["DX", "生成AI"] # マッチさせたいキーワードのリスト

    # 現在の日時を取得し、ファイル名に使用
    current_time = datetime.datetime.now().strftime("%Y%m%d%H%M%S")
    filename = f"5_5_2/article_list_{current_time}.txt"

    # 結果を保存するテキストファイルを開く
    with open(filename, "w", encoding="utf-8") as file:
        for article in articles:
            dates = article.find_all('dt')
            links = article.find_all('dd')
            for date, link in zip(dates, links):
                title = link.a.get_text(strip=True)
                url = link.a['href']
                for keyword in keywords:
                    if keyword in title:
```

```
# ファイルに結果を書き込む
file.write(f"日付: {date.get_text(strip=True)}\n")
file.write(f"タイトル: {title}\n")
file.write(f"URL: {url}\n")
file.write('---\n')

# 一つでもマッチしたらループから抜ける
break

    print(f"結果が {filename} に保存されました。")

# 1時間ごとに関数を実行するスケジュールを設定
schedule.every(1).hours.do(fetch_and_save_articles)

while True:
    schedule.run_pending()
    time.sleep(1)
```

 ここまで　5_5_2/main.py

このスクリプトでは、fetch_and_save_articles 関数が定義されており、この関数が1時間ごとに実行されるように schedule ライブラリを使用して設定しています。プログラムは while True: ループ内で実行を継続し、schedule.run_pending() が呼び出されるたびにスケジュールされたタスクをチェックして実行します。

🔊 📋 ☒ ⋯⋯⋯⋯⋯⋯⋯⋯⋯⋯⋯⋯⋯⋯⋯⋯⋯⋯⋯⋯⋯⋯⋯⋯⋯⋯⋯⋯⋯⋯⋯⋯⋯⋯⋯⋯⋯⋯⋯

それでは Visual Studio Code を開き、5_5_2というフォルダを作成し、その中に main.py という ファイルを作成してください。そして、上記の ChatGPT のスクリプトを main.py に貼り付けます。

schedule.every(1).hours.do(fetch_and_save_articles) としてあるため、初回実行まで1時間かかりますので、検証の場合は schedule.every(10).seconds.do(fetch_and_save_articles) とするとよいかもしれません。

そして、ターミナルで以下のコマンドを実行し、Python スクリプトを実行します。

```
python 5_5_2/main.py
```

確認が完了したら Ctrl + C 等を実行してスクリプトを停止してください。

これで、schedule ライブラリを使用してスクリプトを定期的に実行する方法についての実習を行うことができました。

　こ他のサイト向けのスクリプトも用意し同様のことをすることも可能ですが、相手の迷惑にならないように調整してください（著作権にも留意してください）。

# 章間記事② ニュースのトレンド分析

　業界ニュースのトレンド分析は、提案やビジネス戦略を練る上で欠かせない要素です。新しい技術の登場、規制の変化、競合他社の動向など、業界ニュースはビジネス環境に大きな影響を及ぼす多様な情報を含んでいます。

　これらの情報は、短期的な戦術から長期的な戦略に至るまで、今後の方針決定に重要な役割を果たします。例えば、新しい環境規制が導入された場合、該当業界の企業は速やかに影響を評価し、適切な対応策を講じる必要があります。

　また、新技術やサービスが市場に登場した際には、その影響を迅速に理解し、適応することで競争力を得ることが可能です。

## Pythonで業界ニュース情報のトレンドを分析

　さっそく、タイトルからトレンドやキーワードを分析する方法を試してみましょう。Visual Studio Codeを開き、章間記事②というフォルダを作成し、その中にmain.pyというファイルを作成してください。そして以下のコードを記載します。ここでのtitlesは、データのサンプルとして架空の記事タイトルを列記しました。注3

sample 　章間記事②/main.py

```python
import numpy as np
from sklearn.feature_extraction.text import TfidfVectorizer
from sklearn.decomposition import LatentDirichletAllocation
import pandas as pd

# サンプルの記事タイトル
titles = [
    "Pythonでデータ分析を行う方法",
    "機械学習とは何か？基本的な概念を解説",
    "ディープラーニングの基礎と応用例",
    "統計学入門：データサイエンスの基礎",
    "Pythonによるウェブスクレイピングの方法",
    "人工知能と機械学習の違いについて",
    "データビジュアライゼーションの重要性",
    "自然言語処理における最新の技術動向",
    "Pythonでの画像処理入門",
```

---

注3　許されるなら、ニュースサイトをWebスクレイピングした結果を使うのがよいと思われます。

```
    "機械学習における正則化の役割",
    "データサイエンスプロジェクトの進め方",
    "Pythonでの時系列分析入門",
    "クラスタリングアルゴリズムの比較",
    "機械学習モデルの評価方法",
    "ディープラーニングによる画像認識",
    "自然言語処理のためのPythonライブラリ",
    "データサイエンスにおける欠損値処理",
    "Pythonによるデータの前処理方法",
    "機械学習における特徴選択の方法",
    "ディープラーニングの最適化アルゴリズム"
]

# TF-IDFによるキーワード抽出
vectorizer = TfidfVectorizer(max_features=10, stop_words='english')
tfidf_matrix = vectorizer.fit_transform(titles)
feature_names = vectorizer.get_feature_names_out()
top_keywords = np.argsort(tfidf_matrix.toarray(), axis=1)[:, -5:]
print("Top 5 keywords for each title:")
for i, title in enumerate(titles):
    print(f"Title {i+1}: {[feature_names[j] for j in top_keywords[i][::-1]]}")

# LDAによるトピックモデリング
lda = LatentDirichletAllocation(n_components=3, random_state=0)
lda.fit(tfidf_matrix)
topic_keywords = np.argsort(lda.components_, axis=1)[:, -5:]
print("\nTop 5 keywords for each topic:")
for i, topic_dist in enumerate(topic_keywords):
    print(f"Topic {i+1}: {[feature_names[j] for j in topic_dist[::-1]]}")

# 各タイトルのトピック割り当て
topic_assignments = lda.transform(tfidf_matrix)
topic_assignments_df = pd.DataFrame(topic_assignments, columns=[f'Topic {i+1}' for
i in range(lda.n_components)])
print("\nTopic assignments for each title:")
print(topic_assignments_df)
```

このコードは、各記事タイトルから上位5つのキーワードを抽出し、LDA（Latent Dirichlet Allocation)を使用してトピックをモデル化し、各タイトルがどのトピックに属するかを表示します。

　こちらのコードを実行するために、scikit-learnというライブラリをインストールしておきましょう、ターミナルで以下のコマンドを実行します（--upgradeオプションを使用すると更新されます）。

```
pip install scikit-learn
```

インストールできたら、スクリプトを実行してみます。
ターミナルで以下のコマンドを実行し、Pythonスクリプトを実行します。

```
python 章間記事②/main.py
```

実行すると、少し処理に時間がかかりますが、以下のテキストが出力されました。

```
Top 5 keywords for each title:
Title 1: ['統計学入門', '機械学習モデルの評価方法', '機械学習における特徴選択の方法', '機械学習における正則化の役割', '機械学習とは何か']
Title 2: ['機械学習とは何か', '基本的な概念を解説', '統計学入門', '機械学習モデルの評価方法', '機械学習における特徴選択の方法']
Title 3: ['統計学入門', '機械学習モデルの評価方法', '機械学習における特徴選択の方法', '機械学習における正則化の役割', '機械学習とは何か']
Title 4: ['統計学入門', '機械学習モデルの評価方法', '機械学習における特徴選択の方法', '機械学習における正則化の役割', '機械学習とは何か']
Title 5: ['統計学入門', '機械学習モデルの評価方法', '機械学習における特徴選択の方法', '機械学習における正則化の役割', '機械学習とは何か']
Title 6: ['人工知能と機械学習の違いについて', '統計学入門', '機械学習モデルの評価方法', '機械学習における特徴選択の方法', '機械学習における正則化の役割']
Title 7: ['データビジュアライゼーションの重要性', '統計学入門', '機械学習モデルの評価方法', '機械学習における特徴選択の方法', '機械学習における正則化の役割']
Title 8: ['統計学入門', '機械学習モデルの評価方法', '機械学習における特徴選択の方法', '機械学習における正則化の役割', '機械学習とは何か']
Title 9: ['統計学入門', '機械学習モデルの評価方法', '機械学習における特徴選択の方法', '機械学習における正則化の役割', '機械学習とは何か']
Title 10: ['機械学習における正則化の役割', '統計学入門', '機械学習モデルの評価方法', '機械学習における特徴選択の方法', '機械学習とは何か']
Title 11: ['データサイエンスプロジェクトの進め方', '統計学入門', '機械学習モデルの評価方法', '機械学習における特徴選択の方法', '機械学習における正則化の役割']
Title 12: ['pythonでの時系列分析入門', '統計学入門', '機械学習モデルの評価方法', '機械学習における特徴選択の方法', '機械学習における正則化の役割']
Title 13: ['統計学入門', '機械学習モデルの評価方法', '機械学習における特徴選択の方法', '
```

機械学習における正則化の役割', '機械学習とは何か']
Title 14: ['機械学習モデルの評価方法', '統計学入門', '機械学習における特徴選択の方法', '機械学習における正則化の役割', '機械学習とは何か']
Title 15: ['統計学入門', '機械学習モデルの評価方法', '機械学習における特徴選択の方法', '機械学習における正則化の役割', '機械学習とは何か']
Title 16: ['統計学入門', '機械学習モデルの評価方法', '機械学習における特徴選択の方法', '機械学習における正則化の役割', '機械学習とは何か']
Title 17: ['統計学入門', '機械学習モデルの評価方法', '機械学習における特徴選択の方法', '機械学習における正則化の役割', '機械学習とは何か']
Title 18: ['統計学入門', '機械学習モデルの評価方法', '機械学習における特徴選択の方法', '機械学習における正則化の役割', '機械学習とは何か']
Title 19: ['機械学習における特徴選択の方法', '統計学入門', '機械学習モデルの評価方法', '機械学習における正則化の役割', '機械学習とは何か']
Title 20: ['統計学入門', '機械学習モデルの評価方法', '機械学習における特徴選択の方法', '機械学習における正則化の役割', '機械学習とは何か']

Top 5 keywords for each topic:
Topic 1: ['データビジュアライゼーションの重要性', '機械学習モデルの評価方法', '人工知能と機械学習の違いについて', '機械学習における正則化の役割', '機械学習における特徴選択の方法']
Topic 2: ['機械学習における特徴選択の方法', '機械学習における正則化の役割', '人工知能と機械学習の違いについて', '基本的な概念を解説', '機械学習とは何か']
Topic 3: ['統計学入門', 'データサイエンスプロジェクトの進め方', 'pythonでの時系列分析入門', '機械学習における特徴選択の方法', '機械学習における正則化の役割']

Topic assignments for each title:
```
     Topic 1    Topic 2    Topic 3
0    0.333333   0.333333   0.333333
1    0.140472   0.719495   0.140032
2    0.333333   0.333333   0.333333
3    0.168267   0.167719   0.664015
4    0.333333   0.333333   0.333333
5    0.168686   0.662992   0.168322
6    0.664717   0.167534   0.167749
7    0.333333   0.333333   0.333333
8    0.333333   0.333333   0.333333
9    0.168686   0.662992   0.168322
10   0.168267   0.167719   0.664015
11   0.168267   0.167719   0.664015
12   0.333333   0.333333   0.333333
13   0.664717   0.167534   0.167749
```

```
14  0.333333  0.333333  0.333333
15  0.333333  0.333333  0.333333
16  0.333333  0.333333  0.333333
17  0.333333  0.333333  0.333333
18  0.168686  0.662992  0.168322
19  0.333333  0.333333  0.333333
```

こちらの出力は難解ですが、Top 5 keywords for each titleは各タイトルに対する関連する
キーワードを抽出していて、Top 5 keywords for each topicはキーワードを3つのグループに分
類したもので、Topic assignments for each titleはそれぞれのタイトルがどのトピックと関連
があるかを数値で表したものです。このようにして、タイトルに対してトレンドやキーワードを分析
することができます。

また、ここでスクリプトで使用したTfidfVectorizerについて補足しておきます。

TfidfVectorizerは、テキストデータから特徴量を抽出するために使われる、Pythonのライ
ブラリscikit-learnに含まれるクラスです。TF-IDF（Term Frequency-Inverse Document
Frequency）という統計的手法を用いて、文書集合内の各単語の重要度を数値化します。これにより、
テキストの内容を数学的に解析可能な形式に変換することができます。

具体的には、以下の2つの要素から成り立っています。

1. Term Frequency（TF）：単語が文書内に現れる頻度。文書内の特定の単語の出現回数を、そ
   の文書の全単語数で割ることで求められます。
2. Inverse Document Frequency（IDF）：単語がどれだけ珍しいかを示す指標。全文書数を単語
   が出現する文書の数で割った後、対数を取ることで計算します。

TfidfVectorizerを使用することで、文書内の単語が持つ情報量を加味した上で、ベクトル化（数
値化）することができます。これは、テキスト分類や文書のクラスタリング、情報検索など、多くの
自然言語処理の応用に利用されます。

# 第 6 章

# Pythonで始める
# テキストデータの処理と分析！

## 問い合わせ対応の効率化で
## 顧客満足度を向上しよう

　この章では、問い合わせ対応を ChatGPT を用いて効率化する方法について考えていきましょう。問い合わせデータのサンプルとしてファイルを用意しました。

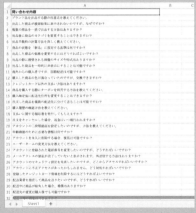

図6.1 サンプルファイル（問い合わせ一覧.xlsx）

# 6.1 カスタマーサポートの課題とその解決策

　カスタマーサポートはビジネスにおける非常に重要な部分であり、特に顧客対応の質は直接的に顧客満足度に大きな影響を与えます。問い合わせの量と質が増加する中、これらに効率的に対応するには適切な分析手段が求められます。

　この章では、サンプルとなる筆者作の問い合わせデータを使用し、問い合わせの分類やカテゴライズを行い、解決までのリードタイムを削減する方法について検討していきます。

# 6.2 実習1：問い合わせテキストデータの解析

　Pythonを使用することでも単語の頻度分析を行うことはできますが、ChatGPTを使用してカテゴライズや分類を行うことで、より高い精度でデータの分析を行うことができます。この節では、ChatGPTを使用して、効率化のための準備として、問い合わせデータの一覧から、グループとそのキーワードの抽出を行っていきます。

　サンプルファイル（x ページ、dataフォルダ内の問い合わせ一覧 .xlsx）をChatGPTにアップロードし、以下のプロンプトを送信します。

● **Your prompt**
以下の手順で作業を行ってください。

1. Excelファイルのデータを読み込む
2. 問い合わせ内容を 5 つのグループにカテゴライズし、それぞれキーワードを 5 つ設定する
3. 問い合わせのグループとキーワードをまとめたExcelファイルを作成する

以下の応答が得られました。説明をしながら、Excel ファイルが作られました。

● **ChatGPT response**

```
import pandas as pd

# 1. Excelファイルのデータを読み込む
file_path = '/mnt/data/問い合わせ一覧 .xlsx'
df = pd.read_excel(file_path)
```

```
# データの先頭を確認
df.head()
```

　　　　　　　　　　問い合わせ内容
0　ブランド品を出品する際の注意点を教えてください。
1　出品した商品が検索結果に表示されないのですが、なぜですか？
2　複数の商品を一括で出品する方法はありますか？
3　出品後に商品のカテゴリを変更することはできますか？
4　出品手数料の計算方法を詳しく教えてください。

Excelファイルには、「問い合わせ内容」列に以下のデータが含まれています。
1．ブランド品を出品する際の注意点を教えてください。
2．出品した商品が検索結果に表示されないのですが、なぜですか？
3．複数の商品を一括で出品する方法はありますか？
4．出品後に商品のカテゴリを変更することはできますか？
5．出品手数料の計算方法を詳しく教えてください。

次に、この問い合わせ内容を5つのグループにカテゴライズし、それぞれにキーワードを5つ設定します。
以下は一例ですが、実際のカテゴリ分けとキーワードは問い合わせ内容の詳細に基づいて適宜調整してください。
●グループ1：出品に関する質問
キーワード：出品，商品，検索，カテゴリ，手数料
●グループ2：支払いに関する質問
キーワード：支払い，代金，返金，請求，決済
●グループ3：配送に関する質問
キーワード：配送，送料，発送，追跡，梱包
●グループ4：アカウントに関する質問
キーワード：アカウント，ログイン，登録，パスワード，認証
●グループ5：その他の質問
キーワード：ガイドライン，ヘルプ，サポート，問い合わせ，サービス
これらのグループとキーワードをまとめたエクセルファイルを作成します。

```
# グループとキーワードをまとめたデータフレームを作成
group_keywords = {
    'グループ': ['出品に関する質問', '支払いに関する質問', '配送に関する質問', 'アカウン
トに関する質問', 'その他の質問'],
    'キーワード1': ['出品', '支払い', '配送', 'アカウント', 'ガイドライン'],
    'キーワード2': ['商品', '代金', '送料', 'ログイン', 'ヘルプ'],
    'キーワード3': ['検索', '返金', '発送', '登録', 'サポート'],
    'キーワード4': ['カテゴリ', '請求', '追跡', 'パスワード', '問い合わせ'],
```

```
    'キーワード5': ['手数料', '決済', '梱包', '認証', 'サービス']
}
df_group_keywords = pd.DataFrame(group_keywords)

# エクセルファイルに保存
output_file_path = '/mnt/data/問い合わせグループとキーワード.xlsx'
df_group_keywords.to_excel(output_file_path, index=False)
output_file_path
```

問い合わせのグループとキーワードをまとめたエクセルファイルを作成しました。以下のリンクからダウンロードできます。

問い合わせグループとキーワード.xlsxをダウンロード

ダウンロードした問い合わせグループとキーワード.xlsx ファイルには、見事に以下のデータが入っていました。

| | A | B | C | D | E | F | G |
|---|---|---|---|---|---|---|---|
| 1 | **グループ** | **キーワード1** | **キーワード2** | **キーワード3** | **キーワード4** | **キーワード5** | |
| 2 | 出品に関する質問 | 出品 | 商品 | 検索 | カテゴリ | 手数料 | |
| 3 | 支払いに関する質問 | 支払い | 代金 | 返金 | 請求 | 決済 | |
| 4 | 配送に関する質問 | 配送 | 送料 | 発送 | 追跡 | 梱包 | |
| 5 | アカウントに関する質問 | アカウント | ログイン | 登録 | パスワード | 認証 | |
| 6 | その他の質問 | ガイドライン | ヘルプ | サポート | 問い合わせ | サービス | |
| 7 | | | | | | | |
| 8 | | | | | | | |
| 9 | | | | | | | |
| 10 | | | | | | | |
| 11 | | | | | | | |
| 12 | | | | | | | |
| 13 | | | | | | | |
| 14 | | | | | | | |
| 15 | | | | | | | |
| 16 | | | | | | | |
| 17 | | | | | | | |

Sheet1 ＋

**図6.2** ChatGPTがグループ分けなどを行ったファイル (問い合わせグループとキーワード.xlsx)

　今回は問い合わせ一覧から問い合わせのグループ分けと、そのキーワードの選定をChatGPTを使用して行う方法について紹介しました。Pythonでも同様の処理を行うことはできますが、ChatGPTのようなLLMを使用することで、より精度が高く、人間が判断した場合と同じような結果が得ることができるため、ChatGPTとPythonのどちらを使用して処理を進めていくかは場合によって最適な方を選択する必要があります。

# 6.3 | 実習2：問い合わせテキストデータの分類

　この節では6.2節で作成した、問い合わせデータをグループ分けして、キーワードを設定したファイルを使用して、新規の問い合わせがどのグループに属している可能性が高いのかを分類していく作業をChatGPTにより作らせていきます。

　実現可能性について確認するために、以下の質問をChatGPTに行ってみます。以下のように、やりたいことを質問することで、具体的な手段や方針を探っていくのもAIプログラミングにおいては重要なプロセスになります。

● **Your prompt**

問い合わせのグループとそのキーワードがまとめられたデータがある場合、新しく届いた問い合わせがどのグループに属している可能性が高いのかをキーワードを元に判断する処理をPythonで実装することは可能でしょうか？

　すると、以下の応答が得られました。人と話をしているかのような応答です。単なる質問をしただけなのに、スクリプトも書かれました。

● **ChatGPT response** ⋯⋯⋯⋯⋯⋯⋯⋯⋯⋯⋯⋯⋯⋯⋯⋯⋯⋯⋯⋯⋯⋯⋯⋯⋯⋯⋯⋯⋯⋯⋯

はい、可能です。Pythonでテキストデータの分類を行うためには、自然言語処理（NLP）の手法を使用することが一般的です。以下は、問い合わせのグループとそのキーワードがまとめられたデータを元に、新しく届いた問い合わせがどのグループに属している可能性が高いかを判断する処理の簡単な例です。

> スクリプト略

この例では、TF-IDF(Term Frequency-Inverse Document Frequency)を使用してキーワードをベクトル化し、コサイン類似度を計算して最も類似度が高いグループを特定しています。問い合わせの内容やグループの数に応じて、より複雑なモデルや手法を使用することも可能です。

　応答によると、6.2節で作成したファイルを使用して問い合わせの分類を行うことができます。

　では、実現可能であることがわかったので、以下のプロンプトを使用して具体的なスクリプトの作成方法について教えてもらいましょう。

　参考資料として、6.2節で作成したファイルをアップロードしてから以下のプロンプトを先ほどと同様のスレッドで使用します。対話的なプロンプトは、考えるのが楽です。

● **Your prompt**

では、こちらのファイルを読み込み、新しく届いた問い合わせがどのグループに属しているかを判別するためのスクリプトを作成してください。

　すると、以下の応答が得られました。このように、応答がおもむろにスクリプトから始まることもあります。しかし、通常はスクリプトの先頭にある import 文が途中にあるなど不備なようです。

● **ChatGPT response** ··············································································

```python
import pandas as pd

# ファイルを読み込む
file_path = '/mnt/data/問い合わせグループとキーワード.xlsx '
df = pd.read_excel(file_path)

# データを確認
df.head()
```

```
          グループ　キーワード1 キーワード2 キーワード3 キーワード4 キーワード5
0     出品に関する質問      出品      商品      検索    カテゴリ      手数料
1    支払いに関する質問     支払い      代金      返金      請求      決済
2    配送に関する質問      配送      送料      発送      追跡      梱包
3  アカウントに関する質問   アカウント   ログイン      登録  パスワード      認証
4     その他の質問   ガイドライン     ヘルプ   サポート  問い合わせ    サービス
```

```python
from sklearn.feature_extraction.text import TfidfVectorizer
from sklearn.metrics.pairwise import cosine_similarity

# グループとキーワードを辞書に変換
groups = {row['グループ']: [row[key] for key in df.columns if key.startswith('キーワード')] for index, row in df.iterrows()}

# 各グループのキーワードを一つの文字列に結合
group_keywords = [' '.join(keywords) for keywords in groups.values()]

def classify_inquiry(new_inquiry):
    # TF-IDFベクトル化
    vectorizer = TfidfVectorizer()
    tfidf_matrix = vectorizer.fit_transform(group_keywords + [new_inquiry])
```

```
# コサイン類似度を計算
cosine_sim = cosine_similarity(tfidf_matrix[-1], tfidf_matrix[:-1])

# 最も類似度が高いグループを特定
most_similar_group_index = cosine_sim.argmax()
most_similar_group = list(groups.keys())[most_similar_group_index]

    return most_similar_group

# テスト
new_inquiry = '商品の出品方法について知りたいです'
result = classify_inquiry(new_inquiry)
result
```

'出品に関する質問'

新しく届いた問い合わせ「商品の出品方法について知りたいです」は、「出品に関する質問」グループに属する可能性が高いと判別されました。このスクリプトを使用して、他の問い合わせに対しても同様の判別を行うことができます。

そこで、最終的に実行可能なスクリプトを出力してもらいましょう。
以下のプロンプトを使用します。

● **Your prompt**
最終的に実行可能なスクリプトを出力し直してください。

以下の応答が得られました。自信があるのか「完全な」と書かれています。しかし、ファイル名などは指定し直さなくてはならないので、油断してはいけません。

● **ChatGPT response**
以下は、新しく届いた問い合わせがどのグループに属しているかを判別するための完全なスクリプトです：

sample  6_3_0/main.py
```
import pandas as pd
from sklearn.feature_extraction.text import TfidfVectorizer
from sklearn.metrics.pairwise import cosine_similarity
```

```python
def classify_inquiry(new_inquiry, file_path):
    # ファイルを読み込む
    df = pd.read_excel(file_path)

    # グループとキーワードを辞書に変換
    groups = {row['グループ']: [row[key] for key in df.columns if key.startswith('キー
ワード')] for index, row in df.iterrows()}

    # 各グループのキーワードを一つの文字列に結合
    group_keywords = [' '.join(keywords) for keywords in groups.values()]

    # TF-IDFベクトル化
    vectorizer = TfidfVectorizer()
    tfidf_matrix = vectorizer.fit_transform(group_keywords + [new_inquiry])

    # コサイン類似度を計算
    cosine_sim = cosine_similarity(tfidf_matrix[-1], tfidf_matrix[:-1])

    # 最も類似度が高いグループを特定
    most_similar_group_index = cosine_sim.argmax()
    most_similar_group = list(groups.keys())[most_similar_group_index]

    return most_similar_group

# 使用例
file_path = 'data/問い合わせグループとキーワード.xlsx'
new_inquiry = '商品の出品方法について知りたいです'
result = classify_inquiry(new_inquiry, file_path)
print(f'新しい問い合わせは "{result}" に属する可能性が高いです。')
```

ここまで6_3_0/main.py

このスクリプトを実行すると、新しく届いた問い合わせがどのグループに属しているかを判別してくれます。ファイルパスや問い合わせの内容は適宜変更してください。

🔊 📋 ✖ ⋯⋯⋯⋯⋯⋯⋯⋯⋯⋯⋯⋯⋯⋯⋯⋯⋯⋯⋯⋯⋯⋯⋯⋯⋯⋯⋯⋯⋯⋯⋯⋯⋯⋯

こちらの応答を参考にして、問い合わせを分類するスクリプトを作っていきましょう。
Visual Studio Code を開き、6_3_0 というフォルダを作成し、その中に main.py というファイルを

作成してください。そして、上記の ChatGPT のスクリプトを main.py に貼り付けます。そして、ファイル名を data/問い合わせグループとキーワード .xlsx かどうかを確認します。以下の箇所です。データが data フォルダにない場合は、ファイルを移動させてください。

```
# 使用例
file_path = 'data/問い合わせグループとキーワード .xlsx'        ◀⋯⋯⋯⋯ 確認
new_inquiry = '商品の出品方法について知りたいです '
result = classify_inquiry(new_inquiry, file_path)
print(f' 新しい問い合わせは "{result}" に属する可能性が高いです.')
```

では、このスクリプトを実行してみましょう。
ターミナルに以下のコマンドを入力し、Python スクリプトを実行します。

```
python 6_3_0/main.py
```

以下のテキストが出力されました。

**新しい問い合わせは "出品に関する質問" に属する可能性が高いです。**

　問い合わせの分類が行えていることが確認できました。AI を利用した FAQ サイトでは、こういう処理も活用されています。また、より高い精度で分類を行うためには、グループに対するキーワードのサンプルデータを大量に用意したり、アルゴリズムのパラメータのチューニングを行う必要があります。この実習を通して学習した知識を活用して、よりよい結果を得られるよう探求してみてください。

## 6.4 | 実習 3：問い合わせテキストデータを用いたサポート業務改善

　今までの問い合わせとその応答を参考にして新しい応答を生成することで、問い合わせから応答までのリードタイムを大きく削減できるようになります。この節では、ChatGPT を使用して新規の顧客問い合わせに対しての応答のドラフトを作成する方法について紹介します。ここでは、スクリプトを使用しません。
　まず、以下のような、問い合わせとその応答についてのデータ（問い合わせと回答 .xlsx）を用意します。

| | A | B | C |
|---|---|---|---|
| 1 | 問い合わせ内容 | 回答 | |
| 2 | ブランド品を出品する際の注意点を教えてください。 | ブランド品を出品する際は、正規品であることを証明できる購入証明書や保証書を添付することをお勧めします。また、偽物の出品は法律で禁止されているため、確実に正規品であることを確認してください。 | |
| 3 | 出品した商品が検索結果に表示されないのですが、なぜですか？ | 出品した商品が検索結果に表示されない場合、以下の理由が考えられます。<br>・商品がまだ審査中である。<br>・商品のタイトルや説明文に検索キーワードが含まれていない。<br>・商品がカテゴリや検索フィルターに適合していない。<br>・システムの不具合が発生している可能性があります。サポートセンターにお問い合わせください。 | |
| 4 | 複数の商品を一括で出品する方法はありますか？ | 複数の商品を一括で出品する機能が用意されています。アプリの「一括出品」や「複数出品」の機能を利用してください。詳細はアプリのヘルプセクションを参照してください。 | |
| 5 | 出品後に商品のカテゴリを変更することはできますか？ | 出品後でも商品のカテゴリ変更は可能です。商品の編集画面からカテゴリを選択し直して保存してください。 | |
| 6 | 出品手数料の計算方法を詳しく教えてください。 | 販売価格の10%が手数料であれば、1000円の商品を売った場合、手数料は100円となります。具体的な計算方法はアプリの規約をご確認ください。 | |
| 7 | 商品の状態を「新品」に設定する基準は何ですか？ | 「新品」に設定する基準は、未使用で、タグが付いている、箱や包装が開封されていないなどの状態です。ただし、アプリによって基準が異なる場合があるため、詳細はアプリのガイドラインを確認してください。 | |
| 8 | 出品した商品の価格を変更するにはどうすればよいですか？ | 商品の価格変更は、出品中の商品の編集画面から行えます。価格を変更して保存することで反映されます。 | |
| 9 | 出品の際に推奨される画像のサイズや形式はありますか？ | 推奨される画像のサイズや形式はアプリによって異なりますが、一般的には解像度が高く、商品がはっきりと見えるサイズで、JPEGやPNG形式が推奨されます。詳細はアプリのヘルプセクションを参照してください。 | |
| 10 | 出品した商品を一時的に非表示にすることは可能ですか？ | 一部のフリマアプリでは、出品した商品を一時的に非表示にする機能があります。商品の編集画面で「非表示」や「一時停止」などのオプションを選択してください。詳細はアプリのガイドラインを確認してください。 | |
| 11 | 海外からの購入者ですが、国際配送は可能ですか？ | 可能ですが、追加の送料や関税が発生することがあります。詳細はアプリの配送に関する規定を確認してください。 | |
| 12 | | | |
| 13 | | | |
| 14 | | | |

◀ ▶ ▶| 　Sheet1　+

図6.3　サンプルファイル（問い合わせと回答.xlsx）

　そして、そのデータを使用して、現在までの問い合わせの対応方法を踏襲した応答をChatGPTを使用して作成します。

　サンプルデータを提示してChatGPTに応答を作成させることで、論調や応答方針の統一や、背景を理解した応答を作成することができます。

　今回は以下の3件に対してChatGPTを使用して応答のドラフトを作成してみましょう。

- 出品した商品のタイトルを変更したいのですが、どうすればいいですか？
- 注文した商品が間違っていたので、交換したいのですが、手続きを教えてください。
- アカウントのプロフィール写真を変更する方法を教えてください。

　まず、ChatGPTに問い合わせと応答のファイルをアップロードし、プロンプトを以下のようにします。問い合わせ内容以下の箇条書きには「-」を添えました。

● **Your prompt**
今までの問い合わせとその応答を参考にして、以下の問い合わせに対するドラフトを作成してください。

問い合わせ内容
- 出品した商品のタイトルを変更したいのですが、どうすればいいですか？

- 注文した商品が間違っていたので、交換したいのですが、手続きを教えてください。
- アカウントのプロフィール写真を変更する方法を教えてください。

以下の応答が得られました。「今までの」で済むのですごく楽です。

● **ChatGPT response** ....................................................................................

以下は、お問い合わせ内容に基づいた応答のドラフトです。

出品した商品のタイトルを変更したいのですが、どうすればいいですか？
出品した商品のタイトルを変更するには、以下の手順をお試しください。
1．マイページにログインし、「出品した商品」を選択します。
2．タイトルを変更したい商品を探し、その商品の詳細ページにアクセスします。
3．「編集」ボタンをクリックし、タイトルの欄に新しいタイトルを入力します。
4．変更を保存するために、「更新」または「保存」ボタンをクリックします。
ご不明な点がございましたら、カスタマーサポートまでお問い合わせください。

注文した商品が間違っていたので、交換したいのですが、手続きを教えてください。
商品の交換については、以下の手順でお手続きいただけます。
1．マイページにログインし、「注文履歴」を選択します。
2．交換したい商品の注文を探し、その詳細ページにアクセスします。
3．「交換リクエスト」または「問い合わせ」ボタンをクリックし、交換の理由や希望する商品の詳細を入力します。
4．送信ボタンをクリックして、リクエストを送信します。
交換可能な商品や条件は、販売者やアプリによって異なる場合がありますので、事前に確認してください。また、交換には追加の送料がかかる場合があります。

アカウントのプロフィール写真を変更する方法を教えてください。
プロフィール写真の変更は、以下の手順で行えます。
1．マイページにログインし、「プロフィール編集」または「アカウント設定」を選択します。
2．プロフィール写真のセクションに移動し、「写真を変更」または「編集」ボタンをクリックします。
3．新しい写真を選択または撮影し、アップロードします。
4．変更を保存するために、「更新」または「保存」ボタンをクリックします。
プロフィール写真の変更に関する詳細は、アプリのヘルプセンターやカスタマーサポートにお問い合わせください。

.................................................................................................................

　このように、過去の問い合わせを参考にして問い合わせに対する応答のドラフトを作成させることができます。この手法に関しては、サンプルとなるデータと実際の問い合わせ内容の類似性が高い方が精度が高くなりますので、実際に使用する場合はサンプルとなるデータもグループごとに分類

し、より有効なデータを準備するとよいでしょう。

　もし、AI 開発を外部の会社へ依頼する際であっても、この章で解説されるプロセスについての知識を持っておくことは非常に重要です。外部の会社との開発プロジェクトが進行する中で、開発者と密に連携を取りながらシステムを完成させていく上で、これらのプロセスを理解していると、よりスムーズに、効率的に作業を進めることができます。また、プロジェクトの進捗管理や品質保証の面でも、発注者側にも具体的な知識があることで、より有意義なフィードバックを提供し、目指す成果に向けて共に協力することが可能になります。

# おわりに

## AI駆動開発で
## 非エンジニアでも
## エンジニアのような
## 仕事ができるようになるか

　第7章（最終章）では、AI駆動開発の将来に焦点を当てます。Pythonのパフォーマンス限界と、それを超えるための高速な言語への移行やパフォーマンス改善法についても探ります。また、ChatGPTのような進化するAIモデルがプログラミングの学習やコード生成にどのように役立つかも考えていきます。

　本書を通じて、Pythonを用いた様々な自動化について学んできました。Pythonはその汎用性と使いやすさから、多くの分野で広く採用されています。しかし、一方でPythonのパフォーマンスがボトルネックとなるケースもあります。特に、計算処理が重いアプリケーションやリアルタイム性が求められるシステムでは、より高速な言語への移行が検討されることがあります。

　C++は、その高いパフォーマンスから、Pythonの代替言語としてしばしば検討されます。C++への移行は、実行速度の向上を期待できますが、言語の複雑さや開発効率の低下など、新たな課題も生じます。したがって、移行を検討する際には、パフォーマンスの向上が開発コストやメンテナンスの負担を上回るかどうか、慎重に評価する必要があります。

　また、Python自体のパフォーマンス改善も可能です。例えば、CythonやNumPyなどの高速なライブラリを利用することで、特定の処理を高速化することができます。さらに、並列処理を導入したり、PyPyのような高速なPythonインタープリタを使用することも、パフォーマンス向上の一つの手段です。

　さらに、AIの進化に伴い、ChatGPTのような高度な大規模言語モデルを活用することで、Pythonだけでなく、C++などの他言語のプログラム生成も、プロンプトに日本語で指示を記述していくだけで可能になっていて、非エンジニアの方々のプログラミングきわめて容易になっています。このようなツールを活用することで、プログラミングの学習やプログラムの生成が、より効率的でアクセスしやすくなることが期待できます。ChatGPTを使うとプログラミング学習時間を大幅に軽減できますし、作ったプログラムは何度でも安定して再利用できます。ノーコード／ローコード開発やRPAと並ぶ業務の効率化ツールといえます。

　しかし、言語の移行や新技術の導入には、常にリスクとコストが伴います。パフォーマンス要件、開発リソース、メンテナンス性など、多くの要素を総合的に考慮し、適切な判断を下すことが重要です。

　そして、AI駆動開発において、最も重要なのは人間の介入する部分です。複雑な業務をシステムに置き換えていく過程では、ディレクションや設計など、人間が行う必要がある作業が多くあります。本書を通して、システム化や効率化の知識を積み重ね、できることを増やしていくことを願っています。得た知識が、皆様のビジネスや業務に役立つことを心より願っています。

# 付録

すでにインストール済であれば、それを利用することをお勧めします。

## (1) Windows への Python のインストールと環境構築

以下は執筆時点の情報です。

### Microsoft Store によりインストールする方法

Microsoft Store より Python を探してインストールします（本書では、Python バージョン 3.9 で執筆しています）。

Microsoft Store には複数のバージョンの Python がありますが、バージョンごとに別のアプリとしてインストールされます。ライブラリはバージョンごとにインストールをすることになります。

そのため、ターミナル（PowerShell やコマンドプロンプト）で実行する際には一般に、バージョン番号を付けます。

＊ 例 Python 3.9 の場合

```
pip3.9 install ・・・
python3.9 ・・・
```

### Python サイトよりダウンロードしてインストールする方法

https://www.python.org/ より必要なバージョンの Windows installer をダウンロードし、実行・インストールをしてください。

この場合は、ターミナル（PowerShell やコマンドプロンプト）で実行する際に、バージョン番号は不要です。

なお、Microsoft Store よりインストールした Python とは別のものになります。

### 実行環境を分ける方法

Windows でも後述の Mac のように実行環境を分ける数種類ありますが、ここでは解説を見送らせていただきます。

## (2) Mac への Python のインストールと環境構築

MacBook M1（MacBook Air M1）を使用し、Python 3.9 を使用した実行環境を構築していきます。

ここでは、Python の実行環境を構築する際に pyenv を使用しますがいくつかのメリットがあります。pyenv を使用することで、複数の Python バージョンを簡単に切り替えたり、プロジェクトごと

に異なるPythonバージョンを使用することが可能になります。また、システムのPython環境に影響を与えることなく、Pythonのバージョン管理ができるため、環境構築がより柔軟になります。

まず、以下のいずれかの方法でターミナルを開きます

- Finderを開き、アプリケーション ＞ ユーティリティ ＞ ターミナルをクリック
- commandキーとスペースキーを同時に押すことでSpotlight検索を使用することができるので、「ターミナル」と入力し、出てきた「ターミナル」を開く

## Homebrewのインストール

まずは「Homebrew」のインストールから始めましょう。最初に、すでにHomebrewがインストールされているかどうかを確認するために、ターミナルで以下のコマンドを実行してください。

```
brew -v
```

ここで

```
Homebrew 4.1.25
```

のようにバージョンが表示された場合は次の「pyenvのインストール」に進んでください。

```
zsh: command not found: brew
```

と表示された方はHomebrewをインストールする必要があります。

以下のコマンドをターミナルで実行してください。

```
/bin/bash -c \
"$(curl -fsSL https://raw.githubusercontent.com/Homebrew/install/HEAD/install.sh)"
```

完了したら以下のコマンドをターミナルで実行してください。

```
echo 'eval "$(/opt/homebrew/bin/brew shellenv)"' >> ~/.zshrc
source ~/.zshrc
brew -v
```

これでバージョンが表示されればインストールは完了です。

## pyenvのインストール

次に、Pythonの仮想環境を作成することができるpyenvをインストールしていきます。

インストールにはHomebrewを使用します。以下のコマンドをターミナルで実行してください。

```
brew install pyenv
```

完了したら以下のコマンドをターミナルで実行してください。

```
pyenv -v
```

バージョンが表示されればインストール完了です。

pyenvの初期化の設定を登録するため、以下のコマンドも実行してください。

```
echo 'export PYENV_ROOT="$HOME/.pyenv"' >> ~/.zshrc
echo 'export PATH="$PYENV_ROOT/bin:$PATH"' >> ~/.zshrc
echo 'eval "$(pyenv init -)"' >> ~/.zshrc
source ~/.zshrc
```

## Python 3.9のインストール

以下のコマンドを実行することで、インストール可能なPythonのバージョンを確認することができます。

```
pyenv install --list
```

以下のように表示されます。Python 3.9でインストール可能なバージョンが存在することが確認できたので、3.9.18をインストールしてみましょう。

```
3.8.18
3.9.0
3.9-dev
3.9.1
3.9.2
    略
3.9.16
3.9.17
```

```
3.9.18
3.10.0
```

以下のコマンドをターミナルで実行してください。

```
pyenv install 3.9.18
```

以下のようなメッセージが表示されれば完了です。

```
pyenv install 3.9.18
python-build: use openssl@1.1 from homebrew
python-build: use readline from homebrew
Downloading Python-3.9.18.tar.xz...
-> https://www.python.org/ftp/python/3.9.18/Python-3.9.18.tar.xz
Installing Python-3.9.18...
python-build: use readline from homebrew
python-build: use zlib from xcode sdk
Installed Python-3.9.18 to /Users/shinaps/.pyenv/versions/3.9.18
```

　以下のコマンドを使用することで、現在インストールされているPythonのバージョンを確認することができます。

```
pyenv versions
```

pyenvでインストールしたPythonを使用するためには以下のコマンドを実行する必要があります。

```
pyenv global 3.9.18
```

そして、以下のコマンドを実行してPython 3.9.18 と表示されればインストール完了です。

```
python --version
```

　pyenvを使用してPython 3.9.18をインストールし、グローバルに設定することで、MacBook M1上でのPythonの実行環境構築が完了しました。これにより、Pythonのバージョン管理が容易になり、開発プロジェクトに応じて異なるバージョンのPythonを柔軟に使用することができます。今後はこの環境を利用して、様々なPythonプログラミングの学習や開発を進めていくことができます。

## 仮想環境を使用する

　Pythonプロジェクトを開発する際には、仮想環境を使用することで、プロジェクトごとに異なる
ライブラリのバージョンを管理することが可能です。これにより、他のプロジェクトの設定を変更せ
ずに、必要なライブラリやそのバージョンを自由に設定できます。以下では、pyenv-virtualenvを
使用して仮想環境を作成し、管理する方法を説明します。

　以下のコマンドを実行し、仮想環境を作成するためのプラグインをインストールしてください。

```
brew install pyenv-virtualenv
```

　インストールが完了したら、pyenv-virtualenvを使用するための初期化コマンドも登録してくだ
さい。以下のコマンドをターミナルで実行してください。

```
echo 'eval "$(pyenv virtualenv-init -)"' >> ~/.zshrc
source ~/.zshrc
```

　以下のコマンドで仮想環境を作成することができます。
　今回はpython-ai-programmingという名前の仮想環境を作成していきます。

```
pyenv virtualenv 3.9.18 python-ai-programming
```

　仮想環境を有効にする場合は以下のコマンドを実行します。

```
pyenv activate python-ai-programming
```

　また、仮想環境から抜けるためには以下のコマンドを実行します。

```
pyenv deactivate
```

　以上の手順で、「python-ai-programming」という名前の仮想環境を作成し、有効化することがで
きました。仮想環境を使用することで、プロジェクト固有の環境を簡単に構築し、管理することが可
能になります。これにより、Pythonプロジェクトの開発がより効率的で柔軟になります。

# 索引

〈著者略歴〉

竹 村 貴 也 （たけむら たかや）

株式会社ファンリピート※　代表取締役社長

1995年生。ITコンサルティング事業を行う
株式会社ファンリピートの代表取締役社長。
フリーランスエンジニアとして独立後、24
歳で自身の会社を立ち上げ、現在は、最先端
技術のローコードツール、AI駆動開発の技
術を用いて、法人クライアント向けにDX推
進プロジェクトの支援、AIを活用した自社
プロダクトの開発、運営を行っている。

※ 2019年創業　https://funrepeat.com

ChatGPTによるPythonプログラミング入門
―AI駆動開発で実現する社内業務の自動化―

2024年6月24日　　第1版第1刷発行

著　　者　　竹 村 貴 也
発 行 者　　村 上 和 夫
発 行 所　　株式会社 オ ー ム 社
　　　　　　郵便番号　101-8460
　　　　　　東京都千代田区神田錦町3-1
　　　　　　電話　03(3233)0641(代表)
　　　　　　URL　https://www.ohmsha.co.jp/

© 竹村 貴也 2024

組版　トップスタジオ　　印刷・製本　三美印刷
ISBN978-4-274-23213-8　Printed in Japan

**本書の感想募集**　https://www.ohmsha.co.jp/kansou/

本書をお読みになった感想を上記サイトまでお寄せください。
お寄せいただいた方には、抽選でプレゼントを差し上げます。